土壤-地下水中Cr(Ⅵ)的迁移机制及健康风险评价预警

MIGRATION MECHANISM AND HEALTH RISK ASSESSMENT OF Cr(Ⅵ) IN SOIL-GROUNDWATER SYSTEM

王振兴　　柴立元　　杨志辉　　著

Wang Zhenxing　Chai Liyuan　Yang Zhihui

内容简介 / Introduction

本书主要介绍著者研究团队在重金属 Cr(VI)的迁移机制及健康风险评价预警方面的研究成果，主要涉及铬渣中 Cr(Ⅵ)淋溶浸出的动力学机理、Cr(Ⅵ)在土壤－地下水环境中的微界面过程与迁移机制等。本书系统描述了 Cr(VI)在土壤－地下水系统中迁移模型的建立过程，并介绍了 Cr(VI)污染的健康风险评价与预警管理平台的构建案例。

本书可供从事重金属迁移模型与环境风险管理的科研工作者使用，也可供高等工业学校环保方面的教师、研究生和高年级学生参考。

作者简介

About the Author

王振兴，男，1982 年生。2011 年 6 月获中南大学冶金环境工程学博士学位。国家环境保护专业技术青年拔尖人才，广东省政府应急管理专家。研究领域为重金属在环境中的迁移转化机理与模型、流域环境风险防控与突发环境事件应急处置。主持了国家自然科学基金项目、广州市科技创新人才专项珠江科技新星项目、水体污染控制与治理科技重大专项子题等。牵头或为主参与了全国 40 余宗重金属类突发环境污染事件的应急处置与环境损害鉴定评估，有 80 余篇重金属污染环境风险防控与应急处置方面的技术文件被政府部门采纳和应用。发表论文 30 余篇;获省部级科技进步奖 3 项，软件与发明专利 10 项，著作 2 本。

柴立元，男，1966 年生，博士，教授，博士生导师。教育部"长江学者奖励计划"特聘教授，国家杰出青年基金获得者，国家 863 计划资源环境技术领域主题专家。长期致力于重金属污染防治技术的开发、团队建设以及产业化。主持完成了国家杰出青年科学基金、国家自然科学基金重点项目、水体污染控制与治理国家重大专项子课题、国家科技支撑计划重点项目、国家 863 重点项目、国家环保公益科研专项、教育部新世纪优秀人才基金、教育部科研重大项目、湖南省科技重大专项等科研课题 50 余项。以第一完成人获得国家技术发明二等奖 1 项，国家科技进步二等奖 1 项，何梁何利基金科技创新奖 1 项。发表 SCI/EI 收录论文 200 多篇;获国家授权发明专利 66 项，出版教材专著 4 部、国际会议论文集 2 部。

前言

Foreword

我国是人均耕地资源和地下水资源都极其匮乏的国家。然而，随着国民经济建设的发展，近年来土壤和地下水污染日益严重，环境质量不断恶化，特别是重金属污染导致的生态系统退化和人类健康问题越来越多。环境中的重金属具有毒性大、隐蔽性强、残留时间长等特点，并通过食物链直接或间接危害人类健康甚至生命。据统计，我国每年因重金属污染而导致粮食减产达1000万吨，粮食污染约1200万吨，合计经济损失至少为200亿元。另外，虽然我国7亿以上人口、约2/3城市的饮用水、1/4农田的灌溉水均取自于地下水源，然而，我国城市中有70%～80%的浅层地下水和30%的深层地下水已被污染，并且90%的城市地下水已不同程度地被重金属、氮及有机烃等所污染。因此，土壤和地下水中的重金属污染给环境保护工作者提出了严峻挑战。

鉴于此，针对铬盐及铬铁合金生产过程中产生的大量含铬废渣历年堆存量达600万吨，且其中的Cr(Ⅵ)通过迁移严重污染环境和危及人体健康的现状，在国家自然科学基金项目《铬渣中Cr(Ⅵ)在土壤－地下水中的微界面过程与迁移机制研究》(51204074)的资助下，本书以某典型铬渣堆场为研究对象，调查Cr(Ⅵ)的污染现状，研究其迁移规律、暴露途径、暴露水平及健康风险特征，全面系统地评价铬渣、土壤、蔬菜和地下水中Cr(Ⅵ)的健康风险，建立Cr(Ⅵ)在"铬渣－土壤－地下水"系统中的迁移模型，从时间和空间维度拓展人类健康风险评价基础理论，从规划和决策层面构建基于GIS的区域Cr(Ⅵ)污染动态健康风险评价预警综合管理平台。课题组将研究成果进行整理且编撰了《土壤－地下水中Cr(Ⅵ)的迁移机制及健康风险评价预警》，此书共分六章，分别为：铬污染与迁移模拟研究现状分析、铬渣中Cr(Ⅵ)淋溶浸出的动力学机理研究、Cr(Ⅵ)在土壤－地下水环境中的微界面过程研究、Cr(Ⅵ)在土壤－地下水环境中的迁移机制与模型研究、Cr(Ⅵ)污染的健康风险评价研究、基于GIS的健康风险评价预警管理平台研究。本书主要内容涉及到应用数学、化学、冶金、土壤学、地下水动力学、环境工程等相关领域，可为有兴趣的读者提供较为全面的分析参考，亦可供同行参考。

由于编者水平有限，加之时间仓促，书中内容难免有不足之处，希望得到专家、学者及广大读者的批评指教。

作者

2017年6月于长沙

目录

Contents

第1章

铬污染与迁移模拟研究现状分析

1.1　铬污染与人类健康

1.1.1　铬污染来源及危害

铬广泛分布于地壳中，自然界中已发现铬矿种类近三十种，估计世界铬的储藏量为26.6亿t。铬是重要的战略性资源，应用极其广泛，涉及国民经济约15%的商品品种。但是，铬的污染普遍性在重金属污染物种类中居第2位，仅次于铅。通常，每生产1 t金属铬和1 t铬盐分别产生10余吨和2.5～3 t铬渣，每生产1 t重铬酸钠，排出约1.5×10^4 m^3的废气。全世界每年生产的铬(约750万t)约90%用于钢铁生产。铬矿采冶，含铬化合物在电镀、合金、颜料、印染、鞣革、胶印以及农业上的应用是造成铬污染的直接原因，其中以铬盐厂、电镀厂以及含铬颜料厂对环境的污染尤为突出。

铬盐系列产品是化工－轻工－高级合金材料的重要基础原料，在国民经济中具有重要的战略地位。我国是铬盐生产大国，年产量已超过30万t。据统计，我国每年排放铬渣约60万t，历年累积堆存铬渣约548万t。据中国无机盐协会调查统计，全国共有24个省(直辖市)63个地点有铬盐生产厂，其中目前仍在生产的有18家；已经关闭或破产但仍有遗留铬渣的有27家；已经破产或关闭，铬渣已经处理完毕的有18家。以上63个厂点的含铬土壤亟待修复。我国铬渣堆场分布见图1－1。我国铬渣污染场地的表层土壤普遍存在渣土及建筑垃圾共存问题，这类土壤在每个场地有1万～2万t，全国累计80万～120万t。此外，受铬严重污染的亚表层土壤和底层土壤达1250万～1500万t，这给社会留下了巨大的环境“毒瘤”。因此，渣场铬污染土壤修复工作的实现，不仅是解决因已关停铬盐企业而导致的社会遗留问题的迫切需求，而且关系到铬盐行业的生存和发展。

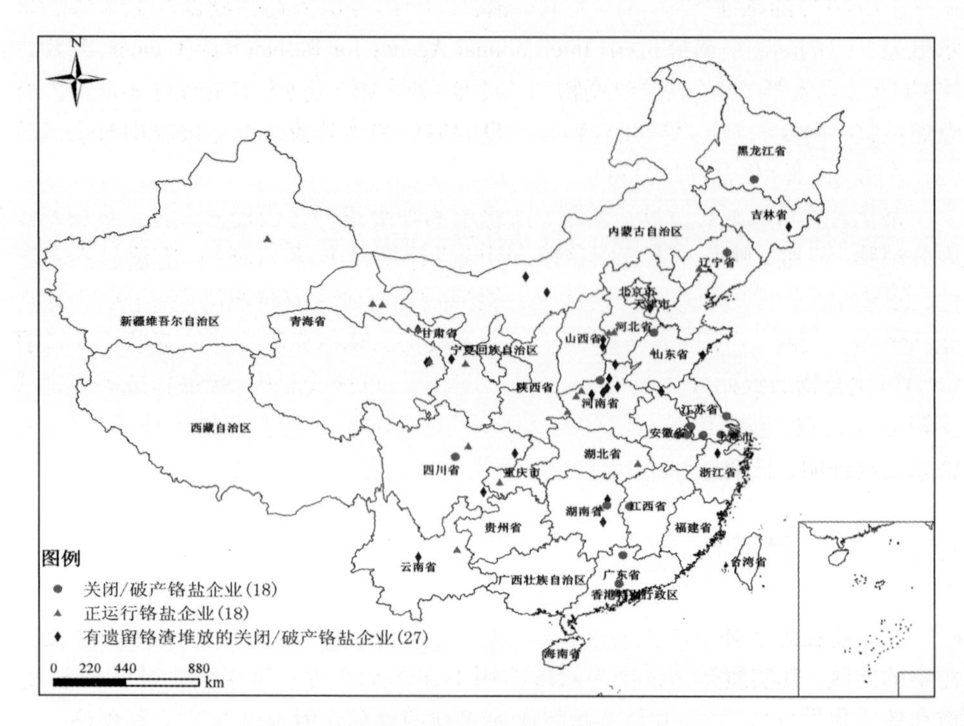

图1－1 我国已经查明的铬渣污染场地分布

铬渣是土壤和地下水铬污染的主要来源之一。铬渣中Cr(Ⅵ)的含量可达0.19%以上，总铬含量达2.57%左右。全国范围内20%以上被铬严重污染的土壤或地下水都是由于含铬废物的长期堆放和采取的防护措施不力造成的。另外，大量的含铬废气和废水也是造成环境污染的重要原因。至今为止，国内外还未找到真正经济、有效、实用的铬渣处理技术。因此，铬渣的治理被认为是铬盐行业的老大难问题，同时也是世界性的环保难题。

1.1.2 铬与人类健康

铬是人体必需的微量元素之一，是人体内分泌腺的组成成分。铬能以+2价到+6价的形式存在于环境中，主要以Cr(Ⅲ)和Cr(Ⅵ)的形式存在。不同价态的铬化合物的毒性强弱是不同的。金属铬很不活泼，无毒性。一般认为二价铬化合物也是无毒性的。Cr(Ⅲ)是铬最稳定的氧化态，大鼠经口给Cr(Ⅲ)的致癌性试验没有发现肿瘤发病率增加。Cr(Ⅲ)不易被胃肠道吸收，在皮肤表层能够与蛋白质结合为稳定的毒性不大的络合物。同时，Cr(Ⅲ)能够协助胰岛素发挥生物作用，为糖和胆固醇代谢所必需的元素，其缺乏将导致糖、脂肪或蛋白代谢系统的紊乱。Cr(Ⅵ)的毒性比Cr(Ⅲ)大100倍，Cr(Ⅵ)经吸入途径染毒的大鼠试验显示致癌性。国际癌症研究机构(International Agency for Research on Cancer, IARC)将Cr(Ⅵ)列入第1组(人类致癌物)，Cr(Ⅲ)列入第3组(现有的证据不能对人类致癌性进行分类)。Cr(Ⅵ)化合物在大量的体内和体外遗传毒性试验中显示了活性，然而Cr(Ⅲ)化合物却没有。

铬化合物可以通过皮肤、黏膜、消化道和呼吸道等途径侵入人体，并在人体内分泌腺、心脏、胰脏和肺部中积聚，引起人体慢性中毒。Cr(Ⅵ)有腐蚀性和毒性，能够在人体四肢形成皮肤溃疡(俗称铬疮)，可刺激或腐蚀消化道，引起骨功能和肾功能衰竭、血功能障碍，甚至会令人很快出现休克和昏迷的症状。人口服Cr(Ⅵ)化合物的致死剂量为1.5～1.6 g。Cr(Ⅵ)可被碳酸盐、硫酸盐或磷酸盐载体转运入细胞，破坏生物细胞的结构，对生物体产生致突变和致癌作用。另外，临床资料证明，长期Cr(Ⅵ)暴露与肺癌发生率具有明显相关性。

1.2　重金属迁移模拟

污染物在地下环境中主要通过地面以下的水分流动进行迁移。地下环境受到污染的问题，其实质是污染物在水流作用下在含水介质中运移的结果(对流、弥散和地球化学反应等)，为研究此问题而兴起的一门学科就是溶质运移理论。早在1805年Fick就提出了分子扩散定律。1852—1855年，法国水力学者达西(Darcy)通过砂层渗透实验提出了渗透系数的概念，并总结出了水在砂层中的渗透规律，称之为达西定律(Darcy's Law)。随后，另一位法国水力学者裘布依(Dupuit)于1857年把渗透定律进一步应用到天然含水层中，得出了著名的裘布依微分方程。1905年，Slichter报道了土壤中溶质并不是以相同速率运移的现象。此后，逐渐形成了溶质运移的基本理论——水动力弥散理论。溶质运移理论对于地下水环境保护与资源利用具有重要意义，同时也是土壤和地下水中重金属迁移的基本原理。

1.2.1　土壤重金属迁移模拟

重金属在土壤中的迁移模型主要包括确定性模型和随机模型。确定性模型，即对流－弥散模型(Convective－Dispersive Model)，是最常用的模型，其主要应用于受植被、气象、水分和污染源影响的具体微观尺度的模拟研究。随机模型的求解常根据经验简化边界条件，主要应用于区域性的土壤重金属的传输研究。

以下分别介绍确定性模型和随机模型的研究进展，然后总结其不足，并对其发展方向进行展望。

1.2.1.1　确定性模型

确定性模型用来描述由对流和弥散引起的土壤溶质迁移现象。重金属在对流弥散过程中常伴随有较为强烈的吸附或解吸过程。确定性模型按照土壤溶液流态可分为稳态流（Steady State）和非稳态流[Unsteady State，或瞬态（Transient State）]模型；按照模型的控制方程解可以分为解析模型(Analytical)、近似解模型(Approximate)和数值解模型(Numerical)。

(1) 土壤重金属一维对流弥散控制方程为：

$$\frac{\partial(\theta C)}{\partial t}+\rho\frac{\partial S}{\partial t}=\frac{\partial}{\partial z}\left\{\theta D(\theta, q)\frac{\partial C}{\partial z}-qC\right\}-\psi(z, t) \tag{1-1}$$

式中：C 为土壤重金属在液相中的浓度，mg/L；θ 为土壤含水率，m^3/m^3；ρ 为土壤的干容重，kg/L；S 为土壤重金属在固相中的浓度，μg/g；$D(\theta, q)$ 为弥散系数，m^2/s；q 为水流流速，m/s；t 为时间，s；z 为土壤深度，m；$\psi(z, t)$ 为由植物根系引起的溶质吸收或排出率，mg/(L·s)。

如果假定弥散系数 $D(\theta, q)$ 为常量，当稳态水流和土壤含水率为常数时，方程(1－1)可变为：

$$\frac{\partial C}{\partial t}+\frac{\rho}{\theta}\times\frac{\partial S}{\partial t}=D\frac{\partial^2 C}{\partial z^2}-v\frac{\partial C}{\partial z}-\psi(z, t) \tag{1-2}$$

式中：$v=q/\theta$ 为土壤孔隙中溶液流速，m/s。

(2)水分控制方程：

$$\frac{\partial\theta}{\partial t}=\frac{\partial}{\partial z}\left\{K(\theta)\frac{\partial\Phi}{\partial z}\right\}+R(z, t) \tag{1-3}$$

式中：$K(\theta)$ 为土壤水力传导率，m/s；Φ 为土壤水势，m；$R(z, t)$ 为植物根系的吸水函数，$m^3/(m^3 \cdot s)$。

以方程(1－1)和方程(1－2)，或者方程(1－3)和方程(1－2)为控制方程，可模拟具有离子吸附或交换的土壤重金属迁移。目前以该模型为基础，已经对多种重金属在土壤及地下水中的迁移模拟进行了研究。Nofziger 等人开发了一维重金属迁移的数值模拟程序 CHEM FLO。Zheng Honghai 等人用差分法开发了土壤重金属运移 Web 模拟系统。Gour－T 等采用有限元解开发了模拟具有复杂边界条件、考虑微生物及化学物质传输的二维土壤溶质运移模型 2DFA TM IC。

Nedunuri 等通过改进方程(1－1)，并将改进后的方程应用于生物质和重金属的耦合传输：

$$\frac{\partial\left[C\left[\theta+\frac{x}{K_p}\right]+xC_a\right]}{\partial t}+\rho\frac{\partial C_{sm}}{\partial t}$$
$$=\frac{\partial}{\partial z}\left[\theta D\frac{\partial C}{\partial z}\right]-\frac{\partial}{\partial z}[v(z)C]+\frac{\partial}{\partial z}\left[\theta D_b\frac{\partial C_b}{\partial z}\right]\left[\frac{C}{K_p}+C_a\right]-\frac{\partial}{\partial z}[v(z)C_b]\left[\frac{C}{K_p}+C_a\right] \tag{1-4}$$

式中：C 为重金属在土壤液相中的浓度，mol/L；x 为土壤中的总生物质浓度，

mol/L；K_P 为表面吸附常数，mg/L，是代表有生物质被动吸附的比例参数；C_a 为细胞内的重金属浓度，mol/L；C_{sm}为重金属被土壤吸附的浓度，mol/kg；D 为弥散系数，m^2/h；D_b 是生物质的弥散系数，m^2/h；C_b 是土壤溶液中的生物质浓度，mol/L。

Simunek 和 Selim 等通过考虑逆向吸附平衡反应和引进延迟因子 R 对方程(1-3)进行了改进，如方程(1-5)所示。式中，$Q = K_s C$ 为吸收项，mg/(L·s)；K_s 为速率系数，kg/(L·s)。他们建立了一维差分的 HYDRUS-1D、二维有限元的 HYDRUS-2D、以及三维有限元 HYDRUS-3D，采用 ADI 算法有效减少了计算量。

$$\rho \frac{\partial S}{\partial t} + R\theta \frac{\partial C}{\partial t} = -v \frac{\partial S}{\partial z} + \theta D \frac{\partial^2 C}{\partial z^2} - Q \tag{1-5}$$

1.2.1.2　**随机模型**

随机模型一般应用于区域尺度的土壤重金属传输和平衡模拟研究。Keller 等在 PRO TERRA 经验模型基础上，对重金属 Cd、Zn 及营养元素 P 在农业土壤中的传输平衡进行了研究，并建立了随机模型 PRO TERRA-S。该模型的重金属含量控制方程为：

$$\frac{\Delta M_{ij}}{\Delta t} = I_{\mathrm{Atm}} + I_{\mathrm{Agr},\, ij} - Q_{\mathrm{L}} \tag{1-6}$$

式中：M_{ij}为点 i, j 处的重金属浓度，g/hm^2；t 为时间，a；I_{Atm}是大气沉降引起的重金属输入通量，$g/(hm^2 \cdot a)$；$I_{\mathrm{Agr},\, ij}$ 为农业活动引起的重金属输入通量，$g/(hm^2 \cdot a)$；Q_L 为重金属渗流通量，$g/(hm^2 \cdot a)$。为了估计方程输出的随机性，Keller 等将输入参数视为正态或对数正态分布，作随机变量处理，并给出相应的均值与标准差，如 I_{Atm}取值为 2.1 ± 0.9。

对方程(1-6)进一步拓展，其连续变化函数表达式如下：

$$\frac{\mathrm{d}M}{\mathrm{d}t} = I_{\mathrm{Atm}} + I_{\mathrm{Agr},\, ij} - k_{\mathrm{C}} M^m - k_{\mathrm{L}} M^{\frac{1}{n}} \tag{1-7}$$

式中：M 为重金属的浓度，g/hm^2；k_C 为作物对重金属的吸收率，1/a；k_L 为重金属的渗流率，1/a；m 和 n 均为常数。另外，方程(1-7)中的 M、k_C 和 k_L 的表达式分别如式(1-8)、式(1-9)和式(1-10)所示：

$$M = \rho z C_{\mathrm{t}} + \theta C_{\mathrm{s}} z \tag{1-8}$$

$$k_{\mathrm{C}} = \frac{Y_{\mathrm{k}}}{(\rho z)^{b_{\mathrm{lk}}}} b_{\mathrm{ck}} \tag{1-9}$$

$$k_{\mathrm{L}} = q_{\mathrm{w}} \left[\frac{1}{\rho z K_{\mathrm{f}}^{5}} \right]^{\frac{1}{n}} \tag{1-10}$$

式中：C_t 为土壤溶液中的重金属浓度，mg/kg；C_s 为被土壤吸附的重金属浓度，mg/kg；Y_k 为作物产量，$kg/(hm^2 \cdot a)$；b_{ck}和 b_{lk}为回归系数；q_w 为达西水流速率，

L/(m^2·a)；K_f 为 Freundlich 吸附模型的参数，L/kg。

1.2.1.3　**存在的问题及展望**

弥散系数 $D(\theta, q)$是一个随土壤水分含量和溶液流速的变化而变化的函数，但大多数研究却把土壤水分含量简化为常数。而事实上土壤水分含量由于受气候、耕作等因素的影响而处于不断变化之中，这样无疑增加了误差。因此，有必要针对不同区域、不同类型、不同容重、不同土壤溶液组成的土壤，对弥散系数进行细化研究。

土壤对重金属的吸附 $\partial S/\partial t$ 是确定性模型中影响重金属迁移的重要因子，而实际应用中对它同样作了过分简化，将其仅作为重金属浓度的线性或简单函数。因此，有必要从土壤物理化学角度考虑把相关化学方程引入模型。

随机模型对于宏观尺度环境问题的决策有积极作用，而这方面的研究与应用力度却都还不够，因此有必要加大研究投入。

在现有的模拟模型与程序中，一维模型较为成熟。但实际情况下的污染源、初始条件和边界条件等非常复杂，且土壤非均质性普遍存在，因而一维模型很难描述其实际情况。虽然已有二维和三维模型与程序，但由于受到输入条件及参数设定等的限制，模型程序应用的灵活性还不够，因此需要开发更为灵活的应用模型与程序。

另外，随着计算机科学的发展和信息化的不断深入，地理信息系统(GIS)与土壤重金属迁移模型的结合和应用也不断发展与完善。在前人研究的基础上，利用 GIS 等理论与技术，把对土壤重金属的迁移转化模型与信息化管理有效地结合起来，这将为环境决策提供新的依据，也将是今后的研究方向之一。

1.2.2　地下水重金属迁移模拟

1.2.2.1　**迁移机理分析**

重金属在进入地下环境后，所发生的迁移过程是一个复杂的物理过程(地下水自身的流动，地表水、土壤水及雨水与地下水的相互作用，胶体包含、吸附、过滤、稀释等)、化学及物理化学过程(络合、溶解、沉淀、离子交换、氧化还原、pH 影响(酸碱反应)等)和生物过程(积累、摄取等)。因此，在研究地下水重金属污染物的迁移规律、建立相关模型时，必须考虑各个过程及其影响因素。

1.2.2.2　**迁移机理实验研究**

近年来，国内外很多学者针对重金属的物理、化学特性，对其在地下水环境中的迁移机理进行了深入研究。吸附、pH 以及胶体作为重金属迁移的重要影响因素，历来都受到相关研究者的重视。这是因为人们试图利用一些介质对重金属的强烈吸附来阻滞其向周围环境的扩散，而吸附又与 pH 及重金属的存在形态(如胶体态)密切相关，因而在这方面的研究较深入。为了比较地下水中不同重金属离子的吸附强度及特性，一些研究者对不同种类及价态的重金属吸附特性进行了对比与总结。重金属元素赋存状态也和pH存在一定的关系，据研究，在pH <6时，迁移能力强的重金属主要是以阳离子形态存在的；在pH >6时，迁移能力强的重金属主要是以阴离子形态存在的。在pH较低的时候，大部分重金属的活性较强，即元素的有效态量增加，发生交换吸附的离子就相应地增多，这样就促进了元素的迁移转化。近年来很多学者在不同酸碱环境以及胶体存在状态对重金属迁移影响规律进行了研究。Luhrmann L，Thomas Baumann，Stefan Muller以及Anke Wolthoorn等，针对地下水中胶体吸附对溶解态重金属（As^{5+}、Cd^{2+}、Co^{2+}、Cr^{3+}、Cu^{2+}、Ni^{2+}）迁移的影响，以及Fe在地下水胶体中的存在形态及其迁移能力进行了各种实验与深入研究。

腐殖酸、有机质等的存在，与重金属的迁移能力也存在很大的关系。由于有机质中含有羟基、羧基、烯醇基、磺酸基、氨基等多种能与某些重金属形成稳定的络合物或螯合物的活性基团，因而有机质高的地下水中的重金属迁移能力较弱。很多学者对这方面进行了研究，如Suiling Wang和Catherine N Mulligan以某矿山尾矿下受重金属污染的地下水为例，研究了腐殖酸对As、Cu、Pb和Zn迁移能力的影响；Wang和Mulligan分析了NOM对As从土壤或沉积物向地下水迁移的影响；Molla Demlie通过SE（Sequential Extraction）方法对Cr、Cd、Pb、As、Cu、Ni、Zn和Co在不同化学环境（硫酸盐、铵盐、碳酸盐、弱酸、弱碱）中的迁移能力进行了分析，认为Ni与Co可能以沉淀形式迁移。Fe、Mn共存环境下也存在复杂的地球化学过程，并影响两者的迁移。

另外，在考虑地表径流等影响因素的情况下，Dorothy J Vesper、William B White、Frank Winde等研究了暴雨径流、地表溪流对地下水环境改变（pH、氧化还原电势、电导率）情况下重金属（As、Cd、Cr、Ni、Pb、U）迁移的影响。Stumm W和Thomas J Schroder等研究了氧化还原环境对重金属迁移的影响。国内河南理工大学和焦作市环保局于2001年联合完成了焦作市地下水中Cr（Ⅵ）的迁移机理研究。

根据地下水重金属的迁移机理的不同，地下水重金属迁移模拟的模型大致可分为应用于具体微观尺度的确定性模型、大面积区域性尺度的随机模型以及其他模型三大类。这些模型与近代描述地下水运动的数学模型是相对应的，是建立在地下水运动理论的基础上的。但地下水重金属污染物的迁移要比地下水运动更为复杂。

1.2.2.3　确定性模型

根据质量守恒定律，把溶质迁移的3种机制（对流、扩散、水动力弥散）同连续性方程结合，可得到溶质运移的对流－弥散方程（Convective－Dispersive Equation，CDE），Nielson首次系统地论述CDE的科学性和合理性。确定性模型就是基于CDE方程的，最早由Streck和Richter提出，然后由Ingwersen进行了修改。上述研究者将该模型与土柱实验相结合，对Cd在小尺度区域内的迁移进行了模拟预测，并取得了很好的效果。该模型由基本的对流－弥散方程和相应的辅助方程构成，通过由质量守恒和流动定律导出的微分方程估计随时空变化而变化的水分和溶质的含量，以达到描述污染物迁移过程的目的。模型中的参数、变量及边界条件都是确定的。每次模拟模型也仅能给出唯一但确定的输出。

确定性模型主要由两部分组成：

(1)水运移方程

由于重金属有很强的吸附特性，并且不能被生物所降解，因此局部的重金属地下水溶质运移可看成是在土壤(岩石)－水稳定混合态中的迁移。一维局部水平衡方程如下：

$$\frac{\partial q}{\partial z}+W(z)=0 \tag{1-11}$$

(2)重金属污染物运移方程

一维对流弥散控制微分方程可表述为：

$$\theta\frac{\partial C}{\partial t}+\rho\frac{\partial S}{\partial t}=\frac{\partial}{\partial z}\left(D_s\frac{\partial C}{\partial z}\right)-q\frac{\partial C}{\partial z} \tag{1-12}$$

式中：C 为重金属在液相中的浓度，μg/L；$D_s=\lambda q$ 是弥散系数，m^2/d，且 λ 为弥散距离，m；S 为重金属的吸附浓度，μg/kg，与 C 和固相性质如pH、C_{org}、黏土含量等有关；θ 为固相(土壤或岩石)含水率；ρ 为固相干容重，kg/L；t 为时间，d。

目前以式(1－11)和式(1－12)为控制方程的确定性模型为基础，国外已经对多种重金属在地下水中的迁移进行了模拟研究。近年来国内在这方面的研究也较多，朱峰在薛禹群于20世纪70年代建立的越流系统的水流方程的基础上，提出了考虑弱透水层弹性释水作用的越流系统水流模型，并在考虑上、下含水层固体骨架对污染物的吸附，及弱透水层本身对污染物的吸附作用的基础上，对太原盆地地下水汞污染及迁移进行了数值模拟。冯绍元等通过实验表明，对流弥散方程能较好地模拟排水条件下Cd在地下水(饱和土壤)中的运移过程。肖利萍等使用该模型深入研究了煤矸石淋溶液对地下水系统的污染规律。

确定性模型一般适用于均质非饱和多孔介质中稳态或非稳态流的溶质运移，是溶质与多孔介质不发生吸附—解吸等化学反应，又不考虑其他汇源项条件下的数学表达式。然而实际情况中，多孔介质中存在死端空隙、流动通道，以及优先通道等。为此，Coats 和 Smith 对 CDE 方程进行了修正，在1964年首次提出了描述可动水体与不可动水体的两区模型。Gerke 和 Van Genuchten(1993年)提出了优先流、双空隙体系的概念和数学模型。Simunek(1999年)改进了 CDE 方程，引进了延迟因子 R，并考虑到逆向吸附平衡反应，建立了基于 Web 的一维差分计算程序 HYDRUS－1D。

后来，人们开始将地球化学模拟与描述流体流动和溶质迁移过程的数值模拟结合起来，发展成了“反应－运移模型(Reaction－Transport Model)”或“水化学模型(Hydrochemical Model)”“水文地球化学模型(Hydrogeochemical Model)”。过去，水动力模型和地球化学模型是各自独立发展的，这一模型的提出使耦合模型得以发展，其发展的动力在于人们非常关心化学污染物在地下的迁移。国外的一些研究者将这一迁移模型运用到重金属地下水迁移研究中来，比如 Thomas Baumann 等对重金属(Fe、Mn、Cd、Co、Cu、Ni、Pb、Zn)在垃圾填埋场附近的地下水胶体中的迁移进行了分析。最近，基于过程的反应－迁移模型(Process－based Reactive Transport Model)成为了研究地下物质迁移的重要模型，这一模型充分考虑了物理、化学、矿物、地质以及生物等影响因素的相互作用。

近年来，确定性模型中对流－弥散方程的求解技术越来越成熟，且产生了很多求解手段：欧拉－拉格朗日法(Eulerian－Lagrangian Method)、有限元法(Finite Element Method)、有限差分法(Finite Difference Method)、边界单元法(Boundary Element Method)、模糊数据集法(Fuzzy Sets Approach)，以及人工神经网络法(Artificial Neural Networks Method)等。

目前，国际上最具影响力的基于确定性模型开发的模拟软件主要有：MODFLOW、MT3D、MT3DMS、PEST、FEFLOW、Visual Groundwater、GMS、PHAST1.2、FLOTRAN、Compac、EDGIS、PHREEQC2 和 PHREEQM 等。

本书总结了近年来有关模型的最新研究方法和应用进展。K Syrovetnik AE E 对泥炭沼污染的地下水重金属(Fe、Cd、Cu、Mn、Ni、Pb 和 Zn)的积累、迁移建立了概念模型和地球化学模型。M O Schwartz 和 AE J Kgomanyane 使用 PHAST1.2 对矿区地下水中的 Ni、Cu 和 Co 进行了三维反应迁移模型分析。James G. Brown 使用 PHREEQC 对大型矿区酸性废水污染的地下水中重金属(Al、Cu、Mn 和 Zn)的迁移进行了模拟。Steven F Thornton 通过土柱实验和 PHREEQM 软件分析了垃圾填埋场浸出液中的 Mn 和 Fe 向地下水迁移的化学影响因素和化学反应模型。Brownetal 和 Kjolleretal 对饱和区地下水重金属迁移进行了一维多组分水文地球化学建模。Walter 对主要化合物及重金属建立了饱和区地下水垂直方向二维迁移模型。Kent 和 Curtis 结合地下水二维反应迁移模型和半经验地表络合模型(Semi－Empirical Surface Complexation Models)对重金属吸附作用进行了研究。Bas van der Grift 综合非饱和区、饱和区重金属迁移模型，对 As、Zn、Ni、Cr、Cu 和 Pb 在非饱和区及饱和区的整体迁移进行了三维建模。

1.2.2.4 随机模型

目前构建地下水溶质运移数学模型面临的最大困难是模型参数的选择，例如含水层渗透系数的确定。野外实际条件下的含水介质表现出强烈的空间变异性，因而单纯地使用确定性方法来研究问题往往得不到很好的结果。含水介质复杂的变异性迫使我们必须把含水介质作为一种随机变量处理，这就需要求助于随机模型。随机模型在求解中常根据经验简化相应边界条件，因此也称经验随机模型，主要用于大面积区域性重金属在土壤及地下水中传输的研究。大量的野外大尺度溶质运移试验的研究成果表明，渗透介质的空间变异性是影响溶质运动的决定性因素。为了解决水文地质参数的这一特性，Dagan、Neuman S P、Russo D 以及 Jury 等提出并发展了随机理论的研究方法。

质点从多孔介质中某一点进入，大体上沿流向的轨迹运动，但由于各种随机因素的影响则可能偏离轨迹。若投入重金属污染物质的浓度为C_0，A 点的浓度为$C(n, k)$，则 A 点的概率为：

$$P_{(n,k)}=\frac{C_{(n,k)}}{C_0} \tag{1-13}$$

式(1-13)所表示的分布函数是一个不连续的函数，因为 n 和 k 都只能是整数。可以通过简单的修正使其变为连续函数：令 $x=\gamma_1 \cdot k \cdot d$；$y=\gamma_2 \cdot n \cdot d$。式中 γ_1 和 γ_2 分别指 x 轴和 y 轴的介质材料系数，对均匀介质 $\gamma_1=\gamma_2$；d 为孔隙介质的颗粒直径。经变换便可以得到连续分布的公式：

$$C_{(x,y)}=\frac{0.8C_0\sqrt{\gamma_2 d}}{\sqrt{y}}\exp\left(-\frac{x^2}{2\lambda_1 yd}\right) \tag{1-14}$$

近二十多年来，随机理论迅速地被应用于地下水中污染物运移等领域的研究，并取得了一些突破性的成果，从而改变了人们对化学物质在地下水中运移、弥散的传统认识，并使随机方法成为研究非均质含水层中地下水流和重金属溶质运移问题的重要手段。国外学者 Sven Altfelder、Wilhelmus H M Duijnisveld、Thilo Streck 等对确定性模型和随机模型进行了比较，并用随机模型对 Cr、Cd、Cu、Pb 和 Zn 等重金属在地下水中的迁移进行了研究。

1.2.2.5 其他模型与方法

近年来，除了确定性模型和随机模型外，还出现了一些其他模型，如 Boguslaw Buszewski 和 Tomasz Kowalkowski 综合运用土柱实验与人工神经网络方法，对重金属迁移进行了研究，且将研究结果应用于土壤-地下水系统中重金属的污染评价。Stefanie Hellweg 和 Thomas B Hofstetter 提出运用 LCA(Life-Cycle Assessment)方法对矿渣废物浸出液中的 Cd^{2+} 和 Cu^{2+} 污染与迁移进行建模和评价。而 Winfried Schroder 则提出运用 GIS 手段建立重金属在大气-土壤-地下水系统中的迁移模型及风险评价。

1.2.2.6 存在的问题及展望

重金属在地下水中迁移的模拟及预测离不开数学模型的建立，数学模型的好坏直接影响到模拟及预测的结果。因此数学模型对地下水中重金属的迁移机理与模型的研究具有很强的理论意义与现实意义：①将模型计算的结果应用于重金属空间分布、重金属污染影响评价等方面的研究而不用进行大规模的采样分析，从而可以节省时间、人力和物力等；②根据模型计算结果，可以预测地下水质未来的变化趋势；③可以在灾害发生之前，为环境部门及时对地下水进行防治的时间和地点的选择提供科学的决策依据和数据支持。

地下水介质有3种类型：孔隙介质、裂隙介质和岩溶介质。目前，对重金属在孔隙介质中迁移的研究较多，而在裂隙介质和岩溶介质中迁移的分析则很少，并且研究主要集中于潜水区，而承压区和越流区的研究则较少。

现有模型大多是在某种环境特征下的具体、微观、零碎的研究，并没有将实际情况下的物理、化学、生物等过程联系起来综合研究，对区域性地下水重金属迁移的机理分析较少，缺乏对区域性地下水重金属的污染源、污染途径及污染特征的综合分析。而随机理论正好是溶质运移模型从"点"尺度向"区域"尺度扩展的重要手段，也是目前国际上研究的热点之一。但是地下水水质模型中，确定性模型较多，随机模型较少，将随机模型应用于地下水重金属迁移的研究则更为少见。因此对重金属迁移区域性模型和随机模型的研究将是今后的发展趋势。

在模型的建立过程中，参数确定的准确性和对参数尺度效应的研究是很重要的，是重金属在地下水迁移转化规律模拟计算中的关键问题。模型参数测定过程中的许多技术问题、参数确定的准确性和可靠度以及参数的尺度效应等都有待于进一步探索和研究。

随着污染的加剧，地下水中重金属污染物在迁移过程中发生的物化反应和有微生物参加的生物化学作用所可能造成的对人体健康的影响将成为人们日益关注的焦点。另外，目前国内外在地下水重金属迁移转化的数学模型中，几乎没有关于重金属生物累积的数学模型。这主要是因为水体中的重金属与其他污染物不同，它不能被生物所降解，相反的，某些生物可以富集重金属，并且把某些重金属转变成毒性更大的金属——有机化合物，这将在一定程度上增加问题描述和数学求解的难度。因此，考虑物化反应、生化作用及生物累积的地下水重金属的迁移模型将是另一个研究趋势。

近几年来，随着GIS技术的发展和普及，其本身空间分析功能和相关学科的迅猛发展，使其应用领域不断拓宽。如何充分利用GIS在数据采集、存储、处理和可视化表达在地下水污染物迁移数据分析和模拟等重要环节上的优势，把GIS与地下水重金属迁移建模紧密集成起来，使其为建模工作提供更为简单、适用、高效的新方法是未来的研究方向之一。

另外，由于地下水系统的复杂性，研究问题具有不确定性、非线性、高维度、参数多、约束条件隐含性大等特征，因而传统方法已远远不能满足要求，这就需要人工智能算法等新的优化方法才能解决问题。因此这也是将来的研究方向之一。

总之，近二十多年来，国内外对地下水重金属迁移的机理与模型研究已经较多，尤其是利用确定性模型对几种重要的重金属的迁移规律进行了研究。我国于

20世纪80年代初才开始研究污染物在含水层中的迁移问题，在重金属地下水迁移方面的研究还不够深入，在这方面的科研投入还有待进一步加强。根据重金属的理化性质，总结分析重金属在地下水体中的污染机理，通过数学模型研究其在水体中的迁移规律，完善重金属迁移转化数学模型，进而为地下水重金属污染的控制和治理工作提供技术支持，都将需要国内外的相关学者们付出更多的努力。

1.2.3 铬在环境中的迁移模拟

1.2.3.1 铬在环境中的价态

铬可以以0~+6的化合价态存在，在自然环境中通常只以三价和六价两种稳定价态出现。三价铬Cr^{3+}、$Cr(OH)^{2+}$、$Cr(OH)_3$、$Cr(OH)_4^-$、$Cr(OH)_5^{2-}$以及Cr(Ⅲ)与其他有机或无机基团配合形成的离子，可能被土壤颗粒吸附，使其在土壤中的活动性差，故不易被植物吸收。因此，土壤pH对Cr(Ⅲ)的存在形式有极大影响。

1.2.3.2 土壤中铬的迁移与模拟

大气、水体、土壤和生物间铬的迁移转化主要由沉淀、溶解、氧化还原、吸附和解吸等过程决定，其迁移非常活跃。大气中的含铬尘埃可因重力沉降或降水作用迁移至土壤和水体。含铬污染物随水流迁移扩散使周围土壤和水域中铬含量增加。土壤类型、孔隙率、含水率等对铬的迁移转化有重要影响。土壤吸附Cr(Ⅲ)能力为Cr(Ⅵ)的30~300倍。Cr(Ⅲ)和Cr(Ⅵ)的被吸附程度均因土壤和黏土矿物的类型而异。傅臣家通过批量平衡试验，研究了Cr(Ⅵ)在土壤中的吸持反应，对动力学模型与吸持等温线平衡模型进行了拟合研究；通过土柱试验，获得了Cr(Ⅵ)在排水条件下饱和土壤中的迁移转化参数和分配规律，并用HYDRUS-1D模型对试验数据进行了模拟，对不同灌溉行为条件下Cr(Ⅵ)的迁移转化进行了预测，并提出了再生水灌溉条件下Cr(Ⅵ)的水质标准。另外，Khan等通过批量室内实验，对Cr(Ⅵ)在土壤介质中的吸附与解吸特性进行了深入研究。

1.2.3.3 地下水中铬的迁移、模拟及存在的问题

实验证明，Cr(Ⅲ)化合物进入土壤后90%以上被土壤迅速吸附固定，因而其对地下水的危害较小。但在pH为6.5~8.5的条件下，土壤中的Cr(Ⅲ)被氧化成Cr(Ⅵ)，因此土壤中的Cr(Ⅲ)可给地下水带来潜在的危害。在地下水中，铬酸根离子(CrO_4^{2-})和重铬酸根离子($Cr_2O_7^{2-}$)是氧化态Cr(Ⅵ)的主要存在形式。铬酸盐矿物极易溶于水，由于铬酸根离子带负电，而大多含水层矿物也带负电，因此铬酸根离子因难被含水层矿物吸附而具有较高的迁移能力。所以，Cr(Ⅵ)在地下水中的含量高。赵万有等通过专项调研，全面剖析了铬渣中的Cr(Ⅵ)对地下水、土壤、蔬菜的污染规律。李志萍等人通过设计室内和野外试验，研究了污染河流中铬对浅层地下水的影响。其室内模拟试验通过选用3种天然砂土为渗透介

质，探讨铬在不同渗透介质中的迁移转化的机理和规律；其野外试验以北京凉水河为例。宋国慧等人采用野外现场试验与室内分析、测试相结合的方法对铬在包气带的垂直污染机理及对地下水污染的影响进行了研究。郭媛媛采用实验室模拟的方法，研究了地下含水层中固相介质、金属浓度、pH、离子强度、微生物活动、时间以及共存镉等影响因素对铬在模拟地下含水层中迁移转化的影响。位菁以湖北省某大型无机盐厂的两个铬渣堆为主要研究对象，综合运用野外调查、室内实验和数值模拟等多种方法，对比分析了新鲜铬渣与风化铬渣的形貌、矿物组成特征及浸出规律，建立了淋滤作用下铬渣中的Cr(Ⅵ)在地下水中迁移的反应-输运模型，预测了Cr(Ⅵ)在地下水中的迁移情况和经历的水文地球化学过程。Shen等综合考虑铬在地下水中的溶质运移与地球化学反应两个方面，建立了一维多组分运移模型，并在此基础上基于多网格有限差分方法建立了三维地下水运移模型。该模型集成了络合、降雨和溶解等过程，能模拟不规则边界和地下水水位的变化起伏，其运行时间比MODFLOW节省约30%。

总体而言，国内外虽然对于重金属及营养元素在环境中的迁移研究很多，但针对铬元素的迁移研究并不多。

1.3　人类健康风险评价

1.3.1　基本概念

人类的健康与周围环境息息相关。据统计，近年来全国每年新发脑血管疾病和恶性肿瘤人数分别达150万和160万，并且90%的癌症由化学致癌物引起。另外，全球各类污染事故也越来越多，例如1986年的切尔诺贝利核电站泄漏、近年来我国的吉林松花江污染和湖南浏阳镉污染等，都给人类健康造成了巨大的危害，成为制约我国经济发展的重要因素。

环境风险评价可以分为生态风险评价和人体健康风险评价两大类。人体健康风险是把环境污染与人体健康联系起来的一种新的评价方法，是对人体暴露在危险环境下可能产生的负面健康影响的特征描述。

1.3.2　发展历史及研究概况

20世纪30年代，出现了以毒理学为基础的风险评价。健康危险评定的安全系数法于20世纪50年代被首次提出。20世纪70年代初，对人类和生态系统造成不利影响的危害评价开始被提出。20世纪80年代以后，健康风险评价逐渐兴起，对化学物质危害的评定开始由定性向定量发展。1995年以前，健康风险评价中暴露风险的研究内容主要集中在常规大气污染物和挥发性有机污染物，研究对象主要为成年人。1996年至2000年，研究内容扩展到金属、杀虫剂、多环芳烃、二噁英气溶胶以及膳食暴露与暴露模型，研究对象也开始涉及到老人和儿童等敏感人群；2001年至今，暴露评价的研究开始特别关注儿童被暴露在杀虫剂和气溶胶等的环境中，并涉及电磁和微波辐射等新兴环境污染的暴露问题。

健康风险评价以美国国家科学院(National Academy of Sciences, United States)和美国国家环境保护局(U.S. Environmental Protection Agency, USEPA)的成果最为丰富。美国国家科学研究院于1983年编写了《风险评价在联邦政府：管理过程》红皮书，该书综合了当时的评价方法，并提出健康风险评价的"四步法"作为开展风险评价的技术指南：危害鉴别、剂量-效应关系评价、暴露评价和风险表征。该方法目前已被多个国家和国际组织所采用。随后，美国环保局根据该红皮书制定并颁布了一系列文件、准则和指南，包括《致癌风险评价指南》《致突变风险评价指南》，以及1986年提出的《风险评价指南》。我国卫生部和农业部于1991年联合发布了《农药安全性毒理学评价程序》。另外，我国还制定了《职业性接触毒物危害程度分级》(GB 5044—85)、《工作场所有害因素职业接触限值》(GBZ 2—2002)等用于健康风险评价的标准。此外，联合国粮食及农业组织(Food and Agriculture Organization, FAO)和世界卫生组织(World Health Organization, WHO)通过农药残留联席会议来合作评估食品中农药的残留特征。20世纪80年代后期，以美国为代表的一些国家通过建立数据库，致力于数学模型的开发与应用，以期科学、准确、全面、迅速地开展风险评价。

我国的健康风险评价研究起步于20世纪90年代，主要在于介绍和应用国外的研究成果。胡二邦、孟宪林、胡应成、杨晓松以及曾光明等对健康风险评价的方法和不确定性进行了解释与描述。彭金定等对长沙铅冶炼厂周边地区、城镇、乡村水源和空气进行了铅污染调查，并对人群的血铅浓度进行了测定和评价。肖风劲等以我国森林生态系统为例，探讨了森林健康生态风险评价的研究方法，并以森林火灾、病虫害和酸雨为生态风险源，运用生态风险评价方法，分析了这些风险源对森林健康的主要危害，对我国森林健康的风险进行了综合评价，并提出了针对不同森林风险区的管理策略。仇付国对典型城市污水及再生水中污染物质的分布规律进行了深入考察，主要内容有：结合各种再利用方式，分析了污染物的暴露途径；在吸取国外经验的基础上，进行了主要污染物的剂量-反应关系分析；建立了适合我国国情的城市污水再生利用化学物质和病原微生物健康风险评价模型；通过生物示踪剂试验等先进手法评价了各种处理工艺对病毒的去除效果。李静以地统计学和GIS为研究手段，选择蔬菜地和矿区中的土壤重金属，及杭嘉湖平原土壤中的氟为研究对象，利用不同的评价方法和标准来对土壤的环境质量进行定量化评价，系统地探讨了健康风险评价方法及标准在不同土地利用方式下土壤重金属环境质量评价中的应用，并对土壤中氟的评价方法和健康标准进行了探讨，且推测了其含量的健康极限值。李梅对河流系统健康风险、河流健康的径流条件和河流健康的风险和危机预估等问题进行了系统研究。她在解读了风险与不确定性概念的基础上，对河流系统健康风险概念给出了新的界定；分析了河流健康风险的各种影响因素之间的联系，以及多种影响因素的综合效应，并对某些因素的影响进行了定量分析；结合河流健康风险分析的特点，系统地开展了风险扩散的理论与方法、河流健康的径流条件确定方法、河流健康的风险－危机度预估方法等的研究，并应用于黄河健康的风险分析。柴立元和王振兴等利用地统计方法、GIS技术与TIN模型对2002年至2008年间湘江流域地下水中的As、Cd、Cr、Cu、Fe、Pb、Mn和Zn等重金属污染引起的居民健康风险进行了变化趋势分析与模拟。王振兴等以湘江流域地下水中As和Cd污染物引起的健康风险为例，为我国的地下水环境质量标准的设定提出了合理建议，并针对环境管理与决策提出了有效的方案。另外，王振兴等用主成分分析、地统计学原理、GIS技术、TIN模型以及序贯高斯随机模拟方法对长沙市的土壤重金属As、Cd、Hg、Ni、Pb和Zn的污染来源，直接和间接暴露引起的健康风险进行了评价、模拟与空间分析，识别与评价了高风险区域，以及对敏感人群(儿童)在各种不同的暴露途径下受到的健康风险做了对比与分析。另外，王宗爽等在借鉴和参考美国国家环境保护局(US EPA)建立的暴露参数的方法学基础上，探讨了我国居民呼吸、饮食、皮肤等的暴露参数，其结果表明我国居民的各种暴露参数与美国相差了2.5%～33.3%。

1.3.3 存在的问题及展望

近年来，随着许多新型研究手段和方法的不断发展及其在健康风险评价中的应用，人类健康风险评价理论与技术也在不断地发展进步。各种影响因素，如累积影响、发病率、代际影响、致死风险、区域与国家间差别等都是以往研究的不足之处。当前健康风险评价研究的难点和焦点主要集中于化合物的多途径暴露、多种化合物的联合暴露、历史暴露的定量估计和暴露评价的有效验证等方面。

今后健康风险评价将进一步向以下四个方面发展：①暴露定量的准确性。进一步研究基于个体的暴露测量技术、个体有效性暴露生物标志物评价技术和新方法，如时间－活动模式等，开发对多途径和多种化合物联合暴露的评价模型和方法以及暴露验证方法，不断提高暴露评价定量的准确性；②暴露评价时间范围的推广。应用暴露再现评估方法、先进的模拟方法和新型的数理统计模型和方法等，实现对历史暴露的定量估计和对未来暴露的有效预测；③暴露评价空间范围的扩大化。应用地理信息系统(GIS)和空间分析技术等方法，扩大了健康风险评价的地域尺度，实现基于群体的定量暴露评价；④暴露评价应用领域的拓宽。人类健康风险评价将逐渐在有毒有害化学品的安全性评价、突发性环境污染事故和自然灾害应急过程等工作中发挥更为重要的作用。

1.4 GIS与环境科学的结合前沿

地理信息系统(Geographic Information System, GIS)产生于20世纪60年代，是在计算机软件、硬件支持下，运用系统工程和信息科学的理论与方法，综合、动态地获取、存储、管理、分析和描述与地理空间有关数据的空间信息系统，是集地理学、信息科学、计算机科学、地图学、环境科学、城市科学和管理科学等为一体的新兴边缘学科，其优势在于数据综合、空间分析和地理模拟。目前，GIS已经广泛应用于环境监测、灾害评估、城市与区域规划、资源管理等众多领域。

Goodchild于1993年在《Environmental Modeling with GIS》一书中详细阐述了GIS在环境建模中的作用。近年来，GIS的迅速普及和推广为其在环境建模中的应用开拓了广阔的前景。与传统技术相比，GIS可使模型的输入与输出数据更加便捷地被获取、管理和显示；可使建模者对复杂环境中不同尺度的空间信息进行检验，以及对不同数据源进行整合。

20世纪70年代，美国田纳西流域管理局利用GIS技术为流域管理和规划提供决策服务。20世纪80年代，已有应用GIS于水文学和水资源管理的系统与理论研究成果出现在美国测绘研究会和美国摄影测量与遥感学会的交流中。1993年，美国亚拉巴马州莫比尔市举行了涉及地下水模型、水质和水资源利用等问题的“地理信息系统和水资源专题讨论会”。同年，国际水文科学协会召开了“地理信息系统在水文学与水资源管理中的应用专题会”，并于1995和1996年召开了GIS应用于水资源系统模拟与管理专题学术会议。Wong分析总结了GIS在城市金属污染管理中的发展与应用。Giupponi和Vladimirova利用GIS建立了欧洲尺度的农业水环境的污染管理模型Ag-PIE。Barra将GIS与SoilFug模型相结合用于流域尺度的地表水杀虫剂的污染预测。Zamorano等利用GIS进行城市垃圾填埋场的选址。另外，美国大气污染仿真系统、纽约城市交通空气污染综合模拟系统、Zhang将一维溶质运移模型CMLS(Chemical Movement in Layered Soils)与GIS结合、Liao和Tim将Meeks和Dean建立的淋溶潜力指数模型(Leaching Potential Index)简化并在GIS中重新建模等都是GIS与环境管理工作结合的实例。

GIS在我国起步较晚，但是发展迅猛。20世纪80年代后期，我国环境保护部门已陆续开展了各种形式和规模的GIS研究与应用。近年来，GIS与环境科学的结合变得越来越紧密和深入。

虽然GIS在环境领域中的应用已经取得了一定的成绩，但还远远不能满足环保事业的发展需求。因此，需要发展能够向社会提供全方位的环境地理信息服务的国家级环境地理信息系统(Environmental GIS, EGIS)，以满足日益增长的环境空间信息处理的迫切需求。

1.5 研究目的、意义、内容及思路

1.5.1 研究目的和意义

由于重金属铬的过度开发利用，且其不能被生物降解等原因，我国在开采、加工、生产和应用等各个环节产生的大量含铬废渣使环境污染问题日益突出。由于环境累积性、生物吸收与富集性、食物链的传递性等作用，使铬污染物与人体接触或被吸收，这将对人体健康造成危害。因此，本书针对我国铬渣的成分与堆放特征，结合 GIS 的环境数据管理和空间分析技术，系统地调查与分析Cr(Ⅵ)在铬渣、土壤和地下水中的迁移规律、暴露途径、暴露水平及健康风险特征，深入地对铬渣、土壤、蔬菜、地下水中 Cr(Ⅵ)可能对人类健康产生的风险进行评价与预警研究，建立基于 GIS、集成迁移模型、区域动态的环境风险评估预警综合管理平台，提出污染防治与管理对策，这对于改善环境质量、控制重金属的食物链传递、修复与治理污染区域以及保护人类自身的健康，及在理论与实际应用上均具有重要的意义。

1.5.2 研究内容与方法

本书涉及的研究内容与方法如下：

(1)铬渣－酸雨相互作用溶解释放规律及仿真模型研究

采取静态和动态降雨模拟淋溶方法，分析影响铬渣中 Cr(Ⅵ)污染物溶解释放的因素，探讨其溶解释放规律与动力学机理，利用回归方程、人工神经网络等理论对污染物淋溶释放进行模拟仿真，利用遗传算法等对模拟仿真模型进行优化。

(2)Cr(Ⅵ)在土壤中的吸附、迁移规律及模拟研究

通过等温吸持法等对土壤中 Cr(Ⅵ)污染物的吸附特性进行研究；通过分析对流、弥散等水动力作用，利用土柱淋滤等方法对 Cr(Ⅵ)在土壤中的迁移参数与机理进行研究；综合考虑吸附与水动力作用，建立数学模型以对土壤中 Cr(Ⅵ)的空间分布规律进行模拟预测，对铬渣酸雨淋溶液中 Cr(Ⅵ)在土壤中的迁移及对地下水的危害进行模拟与预测。

(3)Cr(Ⅵ)在地下水中的迁移规律及模拟研究

对铬渣淋溶液经土壤进入地下水中的迁移机理进行实验分析，建立 Cr(Ⅵ)污染物在地下水系统中的迁移转化模型，揭示其时间、空间特征与演变规律，并评价其健康风险。

(4)Cr(Ⅵ)在渣、土壤、蔬菜及地下水中的人类健康风险评价及风险评价的时空拓展研究

针对Cr(Ⅵ)污染物对区域环境的污染，调查区域环境中渣、土壤、蔬菜、地下水中Cr(Ⅵ)的污染程度，人体暴露途径及暴露水平，进而对其进行健康风险评估。同时，利用GIS技术和集成迁移转化模型分别从空间和时间维度对环境健康风险评估理论进行拓展。

(5)基于GIS、集成迁移模型、区域动态的环境风险评估预警综合管理平台的研究

利用GIS的空间分析和组件二次开发技术，将铬在“渣－土壤－地下水”中的迁移模型，以及时空拓展后健康风险评价理论与方法集成起来，搭建起一个统一的环境风险管理平台，并对研究区内的环境风险进行评价与预测，预报不正常状态的时空范围与危害程度，尤其针对铬渣堆放所导致的生态系统负向演替、退化、甚至恶化状态作出及时的预警，以期在系统退化质变之前，及时发现问题，为宏观决策部门的科学决策提供科学、有效的支持。

1.5.3 技术路线

在对铬污染源进行调查与分析的基础上，探索Cr(Ⅵ)在酸雨淋溶、土壤、地下水中的迁移规律，对Cr(Ⅵ)污染物的人体暴露途径、水平及毒理学表征进行系统分析。利用GIS技术，集成迁移转化模型分别从空间和时间维度对环境风险评估技术进行拓展。选择典型污染区域，开发和建立基于GIS、集成迁移模型的区域动态环境风险评估综合管理平台，如图1－2所示。

1.5.4 创新点

本书的主要创新点如下：

(1)揭示了铬渣中Cr(Ⅵ)溶解释放的动力学机理，利用神经网络模型和遗传算法建立了模拟酸雨条件下铬渣中Cr(Ⅵ)的动态淋溶仿真模型，定量预测大气降水作用下Cr(Ⅵ)对土壤的污染强度，为防止铬渣对土壤和地下水造成污染提供了科学依据。

神经网络具有强大的学习能力、大规模的计算和非线性映射能力。而遗传算法按照适者生存的原则，将串结构重组并形成具有人类进化搜索特征的算法。神经网络和遗传算法均善于解决复杂的非线性问题。环境问题的极其复杂性使其常具有不确定性、非线性、高维度、参数多以及约束条件隐含性大等传统方法不能较好解决的特点，因而需要人工智能算法等新方法(神经网络和遗传算法等)才能解决。然而迄今为止，将这些先进算法应用于降雨条件下固体废弃物的污染物动态淋溶仿真却鲜见报道。因此，本书综合利用人工神经网络和遗传算法，综合考虑了酸雨的严重性及铬渣粒径差异，研究了酸雨条件下铬渣中Cr(Ⅵ)的释放规律及动态淋溶仿真模型(如图1－3所示)，为我国铬渣污染区域的渣场治理和土

壤修复提供指导，并为固体废弃物的综合治理提供依据。

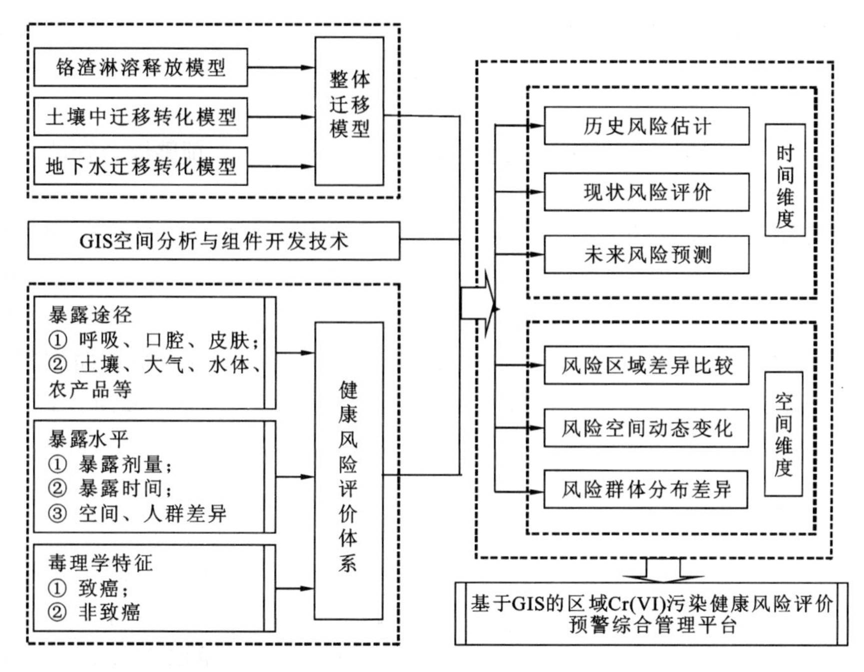

图 1－2　技术路线

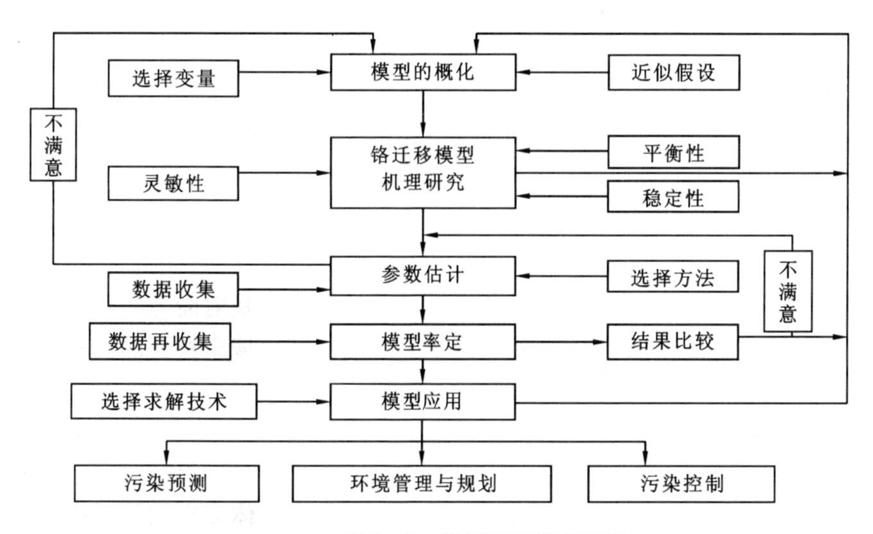

图 1－3　模型研究技术路线

(2)综合考虑酸雨淋溶、对流、弥散、吸附解吸及源汇项等条件，首次构建了定量描述 Cr(Ⅵ)在“铬渣－土壤－地下水”系统中的整体迁移动力学数学模型，实现了历史与未来污染的定量估计和有效预测，为我国铬渣的科学管理提供理论依据。

现有模型大多是在某种环境特征下的具体、微观、零碎的研究，并没有综合考虑实际情况下的污染源、降雨、土壤、地下水等因素。因此，本书以 Cr(Ⅵ)污染物为研究对象，研究其在不同环境、途径中的迁移机理，构建综合考虑对流、水动力弥散、吸附解吸及存在源汇项条件下的能定量描述 Cr(Ⅵ)在“铬渣－土壤－地下水”系统中的整体迁移动力学耦合数学模型，这对我国铬渣的科学管理及土壤和地下水的环境保护具有重要的理论和实践指导意义，并为重金属污染物的迁移理论、污染防治和管理决策提供理论与技术支持。

(3)提出了从时间和空间维度拓展健康风险评价理论的方法，应用迁移模型实现了暴露剂量的动态预测，应用 GIS 技术扩大风险评价的地域尺度，实现了基于暴露群体、土地利用类型、蔬菜种类和暴露途径等在不同历史时期的定量风险评价。

健康风险评价与数学模型结合是其重要发展方向之一。本书一方面应用 Cr(Ⅵ)在“铬渣－土壤－地下水”系统中的整体迁移模型来实现对历史暴露的定量估计和对未来暴露的有效预测；另一方面应用地理信息系统(GIS)和空间分析等技术，扩大了健康风险评价的地域尺度，实现了基于群体的定量暴露评价。拓展后的健康风险评价方法有利于正确评估环境中污染物经各种途径对人体健康产生的风险，具有重要的理论意义和实用价值。

(4)构建了基于 GIS 的 Cr(Ⅵ)污染动态健康风险评价预警综合管理平台，通过数据库管理和软件开发技术实现了铬渣淋溶、土壤和地下水迁移模型间的无缝耦合，以及健康风险的动态评价与预警，有效提高了环境管理的信息化程度。

随着 GIS 技术的发展和普及，以及相关学科的迅猛发展，其应用领域不断拓宽。如何充分利用 GIS 在数据采集、存储、处理、可视化表达和空间分析等技术在污染物迁移数据分析、模拟等重要环节上的优势，把 GIS 与重金属迁移模型紧密集成起来，使其为建模工作提供更为简单、适用、高效的新方法是目前研究的热点。本书通过技术攻关，利用 GIS 的数据管理、空间分析与 ArcEngine 组件开发技术，以 C/S(客户/服务器)为基本结构，ArcSDE 为空间数据库引擎，通过对 MATLAB 与 .NET 的集成编程、遗传算法的实现、AutoCAD 宏开发与 Modflow 的集成、模型间数据转换工具的开发等技术，将 Cr(Ⅵ)在“铬渣－土壤－地下水”系统中的整体迁移模型与经时空拓展后的健康风险评价理论集成，构建了Cr(Ⅵ)污染动态健康风险评价预警综合管理平台，将人类活动与生态、人体健康等重大环境问题的研究纳入一个完整的大系统，这不仅有利于更好地揭示原因、本质和规律，为环境风险作出准确的评价和预测，还使环境管理中重大问题的决策更具科学性。

第 2 章

铬渣中 Cr(Ⅵ)淋溶浸出的动力学机理研究

2.1　引言

铬渣是铬盐及铁合金等生产行业在生产过程中排放的有毒废渣，其中的有毒元素主要为 Cr(Ⅵ)。Cr(Ⅵ)在土壤中的迁移能力强，对环境危害大，被列为对人体危害最大的 8 种化学物质之一，是国际上公认的 3 种致癌金属物之一，同时也是美国国家环境保护局公认的重点污染物之一。

我国是世界上的铬生产大国，目前全国铬渣年排放量为 20 万 ~ 30 万 t。近三十多年来，各工矿企业铬渣堆存总量超过 600 万 t，其中 400 万 t 未经处理露天堆放，经过解毒处理或综合利用的不足 17%。我国铬渣污染场地中被污染的表层土壤达 80 万 ~ 120 万 t，此类土壤中混入部分铬渣，同时含有水溶性和酸溶性 Cr(Ⅵ)，使得其既不能按铬渣进行解毒治理，也不能按纯含 Cr(Ⅵ)土壤进行修复。除表层土壤以外，受 Cr(Ⅵ)严重污染的亚表层土壤和底层土壤达 1250 万 ~ 1500 万 t。可溶性剧毒 Cr(Ⅵ)随雨水淋溶流失，严重污染周围的土壤、地表水及地下水源，对周围环境和人体健康造成了极其严重的危害，给社会留下了巨大的环境“毒瘤”。

湖南省是我国的有色金属之乡，其重金属污染严重，多年来其铬排放量一直位居全国第一。并且，湖南省酸雨频繁，使铬渣中的 Cr(Ⅵ)更容易被淋溶析出，从而加剧了其对环境的危害。目前，对 Cr(Ⅵ)的危害研究主要集中在其对土壤和地下水环境的污染调查与分析，以及铬渣的治理及浸出毒性方面，对长期露天堆放的铬渣的酸雨淋溶特性却鲜见报道。另外，传统的危险废物的淋溶均采用连续润湿淋溶的方式。然而，这种方法并不适合简单露天堆放铬渣的酸雨淋溶，因为在实际情况中铬渣淋溶是被降雨冲洗和自然干燥的不断反复循环的过程，这一过程使铬渣的温度、湿度以及孔隙间的 CO_2 含量等指标不断发生变化。因此，传统的连续润湿淋溶方式并不能很好地反映自然状态下危险废物的浸出规律。

本书所研究的某企业是湖南省长株潭二型社会建设的重点城市。该企业生产过程中的副产品主要为含铬废渣，总量最多时达 2 万余吨。由于起步时生产工艺设计中很少考虑到“三废”的综合治理与利用的问题，这些铬渣未完全得到综合利用和妥善处理，长期堆放于无严格防渗设施的环境之中，故随着雨水的淋溶冲洗、散落、流失，从而使渣中的 Cr(Ⅵ)浸出液渗透于附近土壤和地下水中，给周围环境造成了严重污染。且随着地下水的运动，其污染范围不断扩大，程度也在逐渐加深。因此，本章针对该企业铬渣的污染危害情况，采取静态和动态酸雨淋溶方法，分析淋溶前后铬渣的形态变化，总结铬渣中 Cr(Ⅵ)溶解释放的影响因素，探讨Cr(Ⅵ)的溶解释放规律与动力学机理，并利用回归方程和人工神经网络理论建立酸雨淋溶状态下 Cr(Ⅵ)淋出浓度与总量的仿真模型，最后利用遗传算法对模型进行优化，旨在为铬渣的安全填埋以及污染预测和防治提供理论依据。

2.2 研究区域概况

湘乡市位于湖南省中部，东邻湘潭，西接娄底，南毗双峰，北界韶山、宁乡，为长株潭城市群资源节约型、环境友好型社会建设综合配套改革实验区重要工业基地和休闲旅游城市，如图 2－1 所示。湘乡市处于湘中丘岗向湘江河谷平原的过渡带，为雪峰山东北余脉和越城岭北端余脉所夹持，西部和南部较高峻，东部和北部较平缓，地属华南湘赣丘陵区，地貌以丘陵山地为主，总面积 2011 km^2，人口 90 万，下辖 3 乡 15 镇 4 个街道办事处。该市属亚热带湿润季风区，阳光资源丰富，四季分明，雨量充沛，雨热同季，土地肥沃，溪河密布，作物生长期长，是著名的粮猪强市。年平均气温 17.3℃，极端最低气温为－8.1℃，极端最高气温为 40.2℃。年均降雨量 1310 mm，最多年降雨量 1806.4 mm，最少年降雨量 937.7 mm，全年降水集中在 4～6 月份。日照时数 1640 h，≥10℃的活动积温 5447℃，无霜期 283 d。全市主要水系为涟水及其支流，涟水最大年径流量为 61.43 亿 m^3，最少年径流量为 16.80 亿 m^3。

该企业坐落于湘乡市，厂区占地面积 115 万 m^2，资产总值达 7.8 亿元。拥有工艺先进的金属铬、钛、铁生产系统，12.3 万 kW 大中型铁合金电炉 16 台。主要生产硅、锰、铬、钨、钛五大系列铁合金产品，主要品种有锰硅合金、高碳锰铁、中低碳锰铁、高碳铬铁、中低碳铬铁、微碳铬铁、硅铁、硅铬合金、金属铬、氧化铬、钨铁、钛铁、磷铁、特殊硅铁、结晶硅、硅钙铁、金属铬粉剂等，年生产能力约 15.8 万 t。该企业生产过程中的副产品主要是含铬废渣，总量最多时达 2 万余吨。目前，该企业已成为湘乡市污染非常严重的厂家。铬渣堆放场挡土墙倒塌，残渣裸露，由于防雨防渗作用差，残渣中所含 Cr(Ⅵ)对湘乡城区地下水及涟水河构成了严重威胁，并影响当地居民的生产和生活。

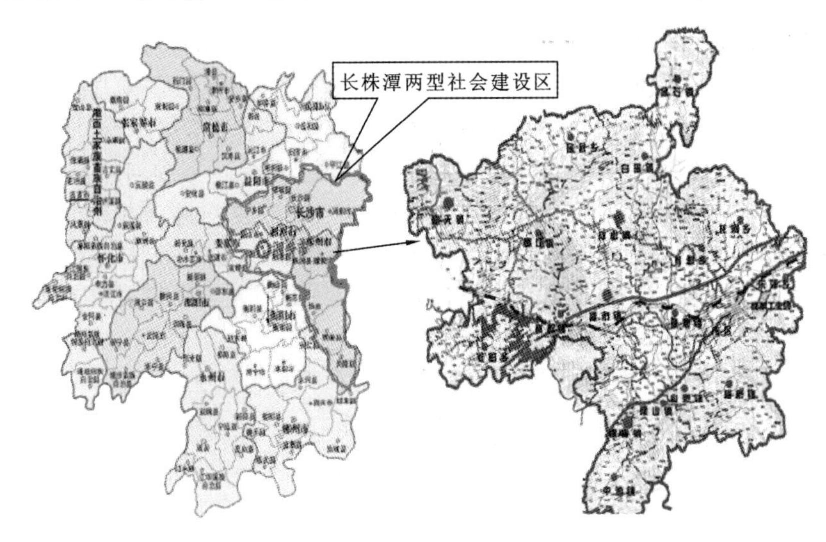

图 2－1　湘乡市区域图

2.3　材料与方法

2.3.1　样品采集与预处理

以该企业露天铬渣堆放场周围地区为主要研究对象，铬渣样品采自该企业铬渣堆，采用“蛇形采样法”确定 12 个点位，将各采样点样品混合，按“四分法弃取”缩分。粉碎各样品至粒径小于 20 目，混合均匀，以备静态淋溶实验使用。

动态淋溶实验所用的铬渣同静态淋溶实验。样品粒度控制在 20 目至 100 目，如果粒度太小则淋滤液难以渗透过样品，淋滤实验难以进行；粒度太大，则淋滤液与样品的接触面积小，反应不充分，淋滤液淋出过快，铬的淋出量减少，不能在实验室有限的淋滤时间内反映样品在自然堆放条件下的淋滤行为。

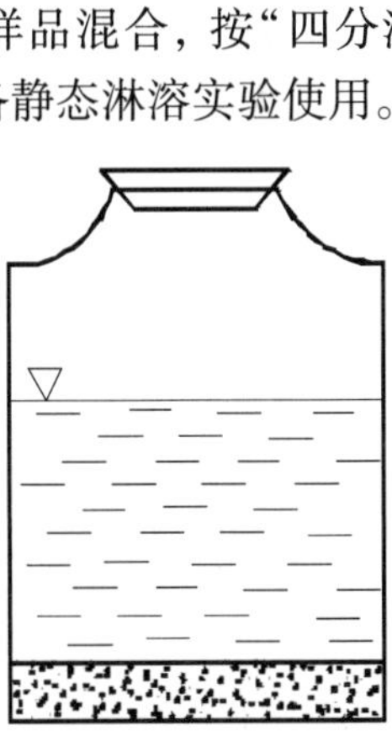

2.3.2　静态淋溶试验

图 2－2　静态淋溶实验装置

为研究渣水的相互作用，本章采用 2500 mL 的装有一定量铬样品的玻璃试剂瓶，并将其设计成静态淋溶实验装置，如图 2－2 所示。由于铬渣样品碱性非常强，当采用 pH 为 3 至 6 的酸雨溶液对铬渣分别进行浸泡时，实验结果没有明显区别。因此，本实验采用pH=7的去离子水对铬渣进行浸泡。实验均在25℃条件下进行，且采用平行双样。实验中每隔24 h抽取上清液并用定量滤纸过滤(No. 202，ϕ7 cm)，然后以二苯碳酰二肼分光光度法(GB/T 7467—1987)测滤液中Cr(Ⅵ)的浓度。

2.3.2.1　固液比对铬渣浸泡的影响

分别称取铬渣样品200 g、100 g、50 g(粒度小于100目)各两份置于2500 mL试剂瓶中，加去离子水1000 mL，每24 h搅动一次，同时增加不搅动对照实验。采用平行双样实验，测定不同固液比(1∶5、1∶10和1∶20)时不同浸泡淋溶时间对上清液中Cr(Ⅵ)浓度的影响。

2.3.2.2　粒度大小对铬渣浸泡的影响

分别称取粒径20~60目，60~100目，小于100目的铬渣样品100g，置于2500 mL试剂瓶中，取固液比为1∶10，加去离子水1000 mL，调节pH为7，间歇搅动，测定不同粒度时不同浸泡淋溶时间对上清液中Cr(Ⅵ)浓度的影响。

2.3.2.3　搅动对铬渣浸泡的影响

铬渣往往因人为因素而受到搅动，因此本实验研究搅动对铬渣溶解释放的影响。选定固液比为1∶10，不搅动，静置浸泡淋溶，粒度小于100目，初始pH为7，测定不同浸泡淋溶时间的上清液中Cr(Ⅵ)的浓度，且将结果与同等条件下间歇搅动的曲线对比。

2.3.3　酸雨动态淋溶试验

动态淋溶试验装置为直径110 mm、高度250 mm的筒式分液漏斗(图2-3)。在其底部填入石英砂后，装入0.5 kg的铬渣样品，摇实，加入去离子水润湿24 h。由于湖南省降水中阴离子主要成分是SO_4^{2-}，是典型的硫酸型降水。因此本实验中模拟用的酸雨采用H_2SO_4和HNO_3进行配制。根据该企业所在位置(数据来源：湘乡市气象局)近十年的每月降雨量的平均值，扣除实际降雨地表径流(30%)的流失，确定酸雨动态模拟的淋溶液体积(表2-1)。用蠕动泵以50 mL/h的速率进行动态淋溶，待前一次淋干后开始下一次淋洗，模拟酸雨经铬渣由筒式分液漏斗底部渗出。实验总共包括12个循环，即12个半天的动态淋溶和12个半天的自然干燥。实验每天对铬渣淋溶液取样一次待测，模拟一年的周期为12天，动态淋溶实验的参数见表2-2。

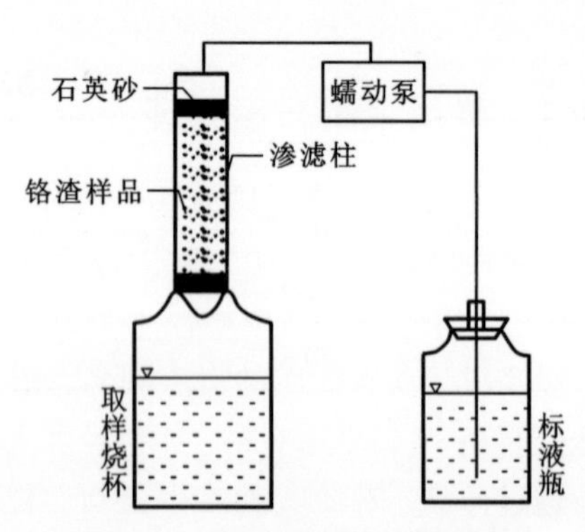

图2-3　动态淋溶实验装置

实验分析同静态淋溶实验。将淋溶液用定量滤纸过滤，测定滤液的pH和Cr(Ⅵ)含量。

表2-1　模拟试验降雨分布/mL

年份＼月份	1	2	3	4	5	6	7	8	9	10	11	12
2000	467	565	1837	1907	1236	2353	522	1932	1923	968	540	239
2001	909	581	727	2274	1657	2400	297	568	105	457	688	615
2002	603	334	1288	2431	2531	1489	1934	2252	475	1838	620	899
2003	664	1009	843	1451	3555	1617	43	190	342	280	153	395
2004	488	1506	959	1669	2671	1330	835	852	186	141	743	920
2005	915	1515	900	701	3801	2251	653	379	950	285	794	386
2006	846	1492	1498	2201	1597	2893	3077	965	492	516	595	172
2007	838	869	937	1404	938	2312	245	1379	1380	516	80	689
2008	668	666	2029	949	1921	1222	1518	1328	969	374	2643	75
均值	711	948	1224	1665	2212	1985	1014	1094	758	597	762	488
均值×0.7	500	660	860	1170	1550	1390	710	770	530	380	530	340

表2-2　动态淋溶实验的参数

参　数	值
温度	25℃
pH	3, 5.6
粒径	20~60目, 60~100目, 小于100目

2.3.4　分析方法

2.3.4.1　溶液中Cr(Ⅵ)含量测定

溶液中低浓度的Cr(Ⅵ)采用二苯碳酰二肼分光光度法进行分析，所用波长为540 nm，其检出限为0.004 mg/L，测定上限为1 mg/L。具体实验步骤如下：①吸取处理过的试样将其置于50 mL容量瓶中[Cr(Ⅵ)浓度不超过10 μg]，用去离子水稀释至标线；②加入硫酸(1∶1)0.5 mL、磷酸(1∶1)0.5 mL，摇匀，加显色剂2.0 mL，摇匀，放置10 min；③用10 mm或30 mm光程比色皿，于540 nm处，以水作参照，测定吸光度，减去空白实验[以50 mL水代替试样，按步骤③做空白试验]的吸光度，从校准曲线上查得Cr(Ⅵ)含量，从而得出浸出液中Cr(Ⅵ)

的浓度。

标准曲线的制定：分别将 10 mg/L 的铬标准液 0 mL、0.5 mL、1 mL、2 mL、3 mL、4 mL、5 mL 装于 50 mL 容量瓶中，定容，加入 1∶1 的磷酸溶液 0.5 mL 和 1∶1的硫酸溶液 0.5 mL，最后加显色剂 2 mL 显色 10 min。利用分光光度计在 540 nm下测定吸光度，绘制标准曲线图。

Cr(Ⅵ)吸附量采用式(2－1)计算：

$$Q = V(C_0 - C_e)/W \tag{2-1}$$

式中：Q 为 Cr(Ⅵ)在土壤中的平衡吸附量，mg/kg；C_0 为溶液中 Cr(Ⅵ)的初始浓度，mg/L；C_e 为溶液中 Cr(Ⅵ)的平衡浓度，mg/L；V 是试样体积，mL；W 是试样质量，g。

2.3.4.2 **溶液体系 pH 的测定**

溶液体系的 pH 采用 LP115 pH meter 型酸度计测量。

2.3.4.3 **扫描电镜分析**

采用 Nava Nano SEM 230 场发射扫描电子显微镜 SEM(Scanning Electron Microscope)对动态淋溶前后铬渣(100 目)的形貌和成分进行测定与分析。放大倍数为 3000 倍，激发电压为 5 kV。

2.3.4.4 **X 射线衍射分析**

采用日本生产的 Rigaku－TTR Ⅲ 型(日本理学)X 射线衍射仪(40 kV/250 mA)对动态淋溶前后铬渣的晶体结构进行测定。

2.3.5 BP 神经网络

人工神经网络(Artificial Neutral Networks，ANN)是以模拟人脑神经处理信息的方式，将大量神经元相互连接进行信息并行处理与非线性转换的复杂网络系统。1943 年，美国神经生物学家 Warren Mcculloch 和数学家 Walter Pitts 共同发表了名为“A Logical Calculus of Ideas Immanentint in Nervous Activity”的开拓性文章，提出了 MP 模型；1949 年，Donala Hebb 提出了著名的 Hebb 学习规则，为神经网络的学习算法奠定了基础；1957 年，由 Frank Rosenblat 提出的感知器模型被认为是最早的神经网络模型。神经网络具有强大的学习能力，在人工智能、自动化、计算机等领域有着广泛的适用性，并解决了大量的利用传统方法难以解决的实际应用问题。

BP 网络(Back－Error Propagation，BP)是基于误差反射传播学习算法(BP 学习算法)的多层前馈神经网络。此算法由于结构简单、可调参数多、训练算法多以及可操作性好等优点，已成为目前实际应用广泛且较为成熟的一种人工神经网络。BP 网络展现了神经网络中最精华、最完美的内容。因而，在本书中主要采用 BP 网络对铬渣中的 Cr(Ⅵ)淋溶问题进行分析与预测。

BP 网络拓扑结构具有输入、中间(隐含)和输出层(图 2－4)，神经元激活值由输入层经中间层向输出层传播。输出层神经元获得响应后按照减少预定误差的方向经各中间层逐层修正各连接权值并反向回到输入层。因此，网络对输入模式响应的正确率随误差逆向传播与权值修正的不断进行而不断上升。

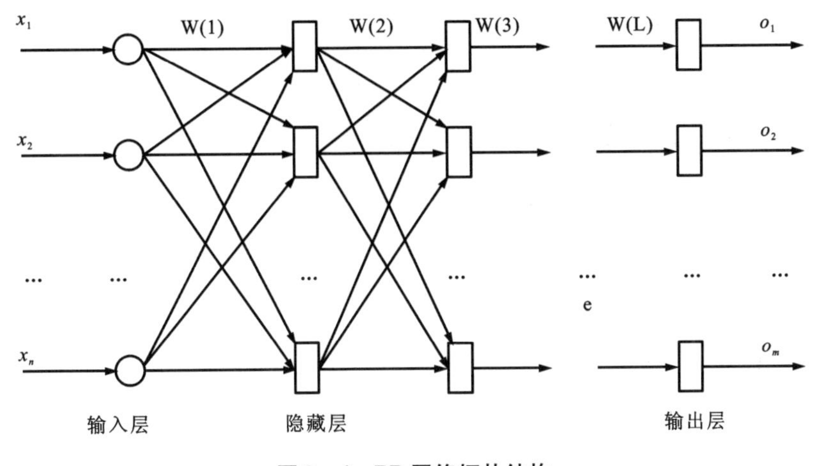

图 2－4　BP 网络拓扑结构

一般认为，增加隐层数目能够降低网络输出误差，提高预测精度，但也使网络复杂化，增加了网络的训练时间。本书采用 3 层(3－n－1)结构的神经网络，输入层包括 3 个控制因素：淋溶液总量(降雨总量)、pH 和粒径；输出层仅包含铬渣中 Cr(Ⅵ)的累计淋溶总量；n 为隐含层的节点数。

2.3.6　遗传算法原理与方法

遗传算法(Genetic Algorithm，GA)是由美国 Michigan 大学的 John H Holland 教授发展建立的，其主要基于生物遗传和适者生存的自然规律。20 世纪 60 年代初，Holland 教授开始尝试从生物进化机理中发展出适合现实世界复杂优化问题的模拟进化算法；1975 年，Holland 教授出版了遗传算法方面的经典著作——《Adaptation in Natural and Artificial System》，对遗传算法理论进行了详细阐述，标志着遗传算法作为计算智能的一门分支学科的正式诞生。迄今为止，遗传算法已经渗透到人工智能、自适应行为、机器人、人工生命、运筹学等领域，并广泛应用于计算机科学、工程技术、管理科学和社会科学等领域。

按照适者生存的原则，遗传算法以结构化和随机信息交换的方式将串结构进行重组并形成具有进化搜索特征的算法。与传统优化方法相比，该算法具有以下特点：①并非直接作用于变量，而是变量编码后的字符串，因而不受函数约束条件(如连续性和可导性)的限制；②从群体出发，具有潜在并行性，可降低陷入局部最优的可能性；③使用概率机制描述迭代过程，使搜索结果具有近似最优性；④对搜索空间无特殊要求(如连续性和凸性)，善于搜索非线性等复杂问题。

Holland 教授的模式理论是遗传算法的理论基础。一般情况下，遗传算法在处理优化问题时主要有以下几个基本步骤：编码(coding)、产生初始群体(population)、计算适应性(fitness)、选择(selection)、交叉(crossover)以及变异(mutation)。

本书使用遗传算法对铬渣中Cr(Ⅵ)的淋溶模型进行参数优化，以期求得能够更加精确描述现实问题的数学模型。在优化过程利用均方根误差[*RMSE*，公式(2-2)]和相对误差(*RE*)来判断算法搜索的终止条件，具体流程如图2-5所示。

$$RMSE = \sqrt{\sum_{k=1}^{n}(y_k - \hat{y}_k)^2 / \sum_{k=1}^{n}\hat{y}_k^2} \tag{2-2}$$

式中：y_k 为实测值，$\hat{y}_k$ 为模型优化后的拟合值，n 为数据组数。

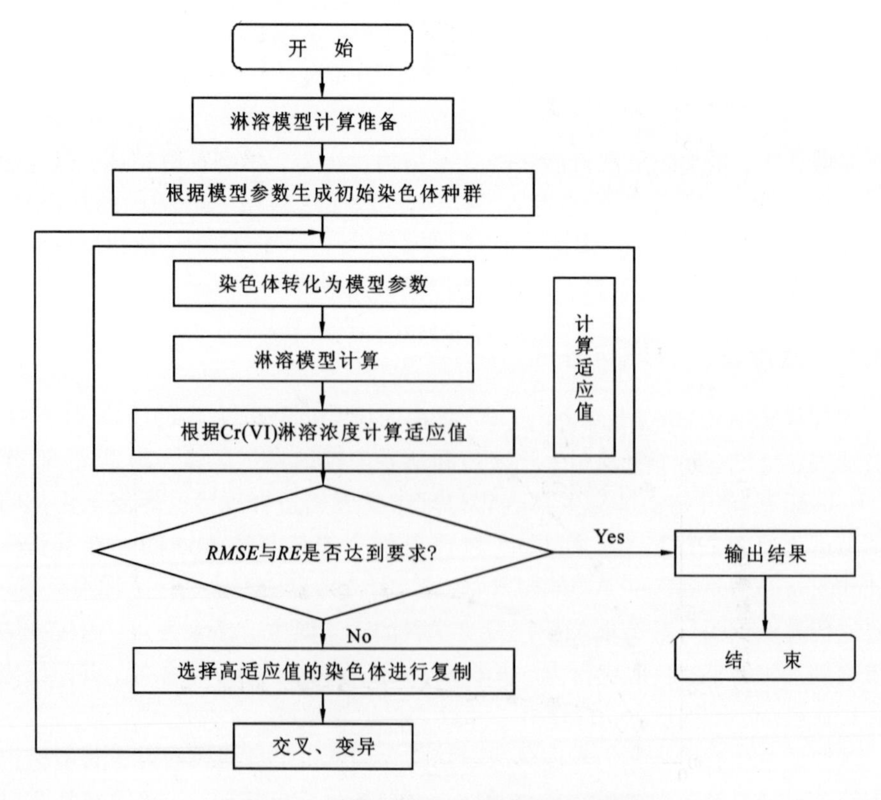

图2-5 铬渣淋溶模型遗传算法优化流程

2.4　铬渣中Cr(Ⅵ)静态淋溶释放特性

2.4.1　固液比影响分析

根据实验结果，绘制了铬渣在不同固液比浸泡下的pH、Cr(Ⅵ)浸出液浓度及单位质量铬渣溶解释放Cr(Ⅵ)浓度的变化曲线(图2-6~图2-8)。由结果可知，固液比越小，Cr(Ⅵ)的浸出液浓度和溶解释放速度均越小。由结果分析可知，固液比越小，单位质量铬渣的溶出率就越大，因此其单位质量溶解释放的Cr(Ⅵ)总量就越多。这也正是实际情况中随着铬渣露天堆放时间的延长，降雨量不断累积，从而使铬渣中溶解释放的Cr(Ⅵ)总量相应增多的原因。

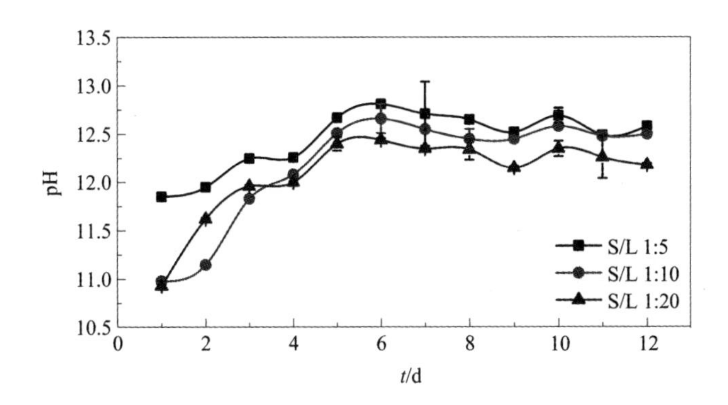

图2-6　铬渣固液比对浸出液pH的影响

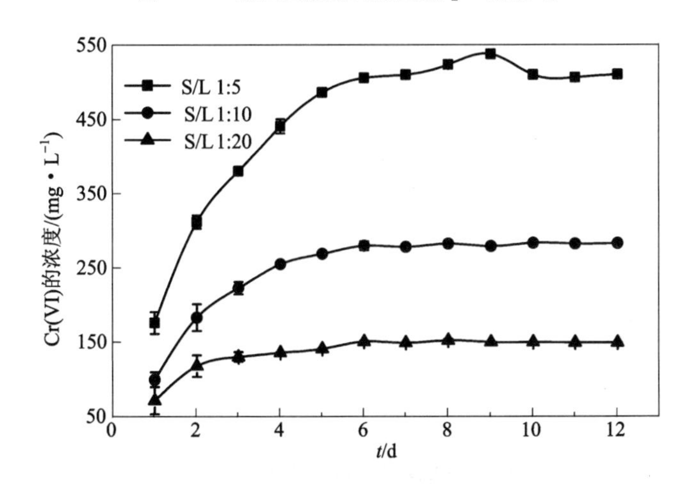

图2-7　铬渣固液比对Cr(Ⅵ)浸出浓度的影响

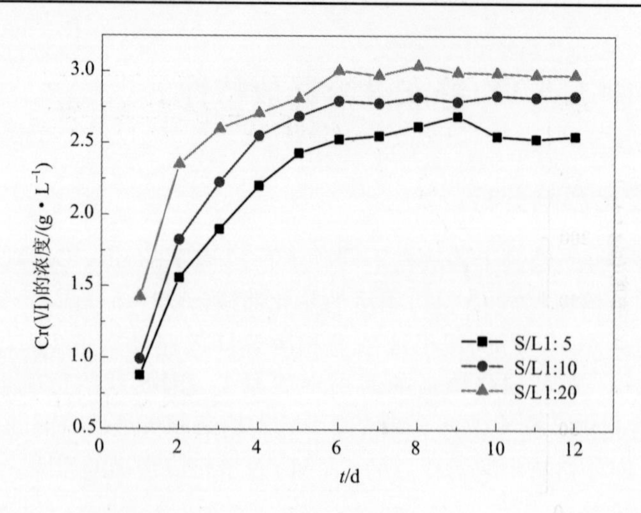

图2-8　铬渣固液比对单位质量铬渣溶解释放Cr(Ⅵ)浓度的影响

2.4.2　铬渣粒径影响分析

由于露天堆放的铬渣在空气中不断风化，以及受到人类活动的干扰等影响，部分铬渣由大块结构逐渐疏松为小颗粒，从而使铬渣粒度发生变化。因此有必要研究粒径大小对铬渣中主要污染物Cr(Ⅵ)溶解释放的影响。不同粒径的铬渣(20~60目、60~100目、小于100目)在静态淋溶实验中的pH和Cr(Ⅵ)浓度随时间的变化曲线如图2-9和图2-10所示。

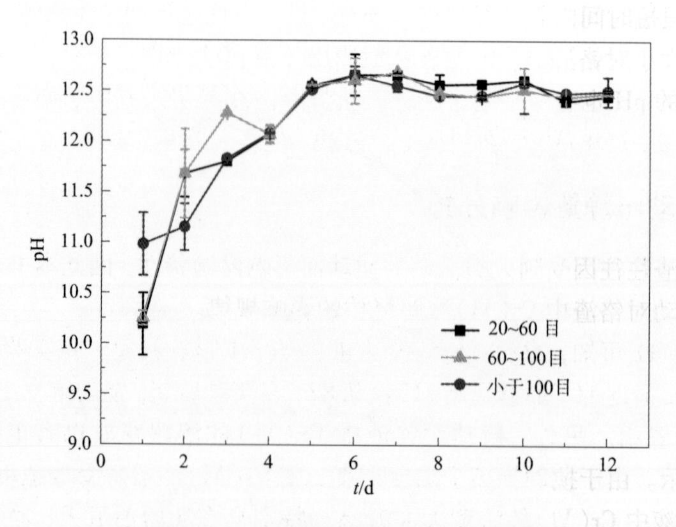

图2-9　铬渣粒径对浸出液pH的影响

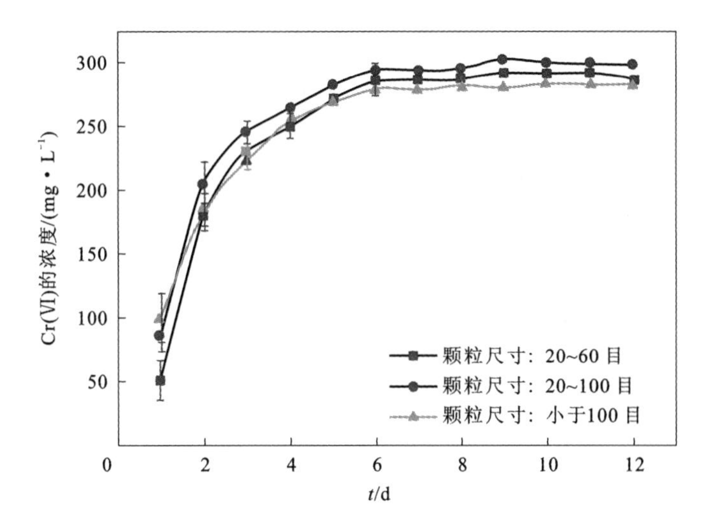

图 2－10　铬渣粒径对浸出液中 Cr(Ⅵ)浓度的影响

由实验结果分析可知，在实验初期，粒径大小对铬渣中 Cr(Ⅵ)的溶解释放具有明显影响。在实验前 48 h 内，粒径越小，铬渣中 Cr(Ⅵ)的溶解释放速度越快，并且浸出液的浓度也越高。但是在 48 h 以后，60～100 目的铬渣浸出液中Cr(Ⅵ)浓度超过了小于 100 目的铬渣浸出液中的浓度，并且随着浸泡时间的延长，三者的浸出浓度基本保持稳定，说明铬渣中水溶性 Cr(Ⅵ)极易释放，而且溶解释放速率很快，在很短时间内就能释放绝大部分，另一方面也说明了当铬渣在小于20 目时，其粒径大小对铬渣的浸泡溶解释放影响不是很大。在实验初期，粒径大小对铬渣浸出液的 pH 也有一定的影响，但从整个曲线走势来看时影响不大，随着浸泡时间的延长，浸出液 pH 在初期上升较快，但很快就稳定在 12.4 左右。

2.4.3　搅动与静置影响分析

堆放铬渣往往因受到人类活动的搅动而影响淋溶特性，因此本书通过实验探索来研究搅动对铬渣中 Cr(Ⅵ)溶解释放的影响规律。

由图 2－11 可知，搅动对铬渣浸出液中的 pH 影响较大。在实验初期，搅动组浸出液 pH 接近 11，而静置组 pH 仅 9.82；在实验后期，搅动组浸出液的 pH 也一直大于静置组。另外，搅动对铬渣中 Cr(Ⅵ)的溶解释放也有重要影响，如图 2－12所示。由于搅动提高了浓度梯度，使 Cr(Ⅵ)的溶解释放速度大大加快，从而使浸出液中 Cr(Ⅵ)的浓度大大升高。特别是在实验前五天，静置组浸出液中 Cr(Ⅵ)的浓度大约只有搅动组的一半。

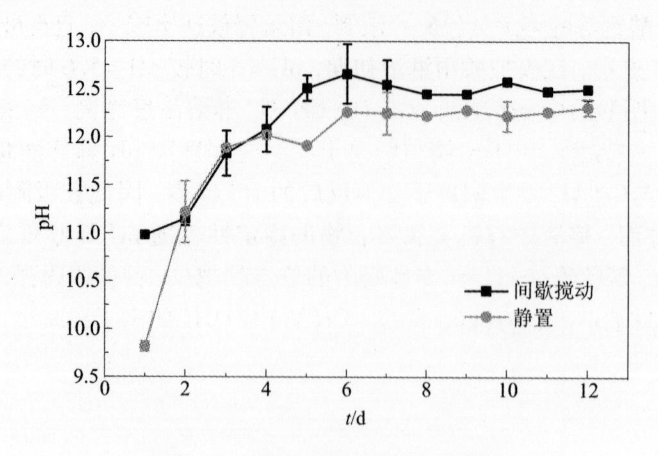

图 2-11　搅动对浸泡液 pH 的影响

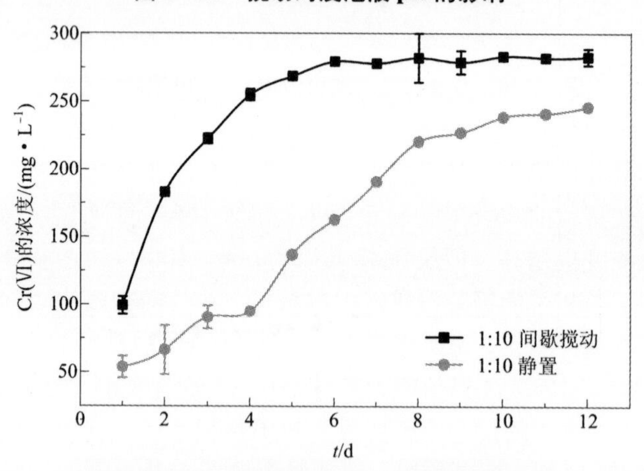

图 2-12　搅动对浸泡液 Cr(Ⅵ)浓度的影响

2.5　铬渣中 Cr(Ⅵ)酸雨动态淋溶释放特性

2.5.1　酸雨 pH 影响分析

根据图 2-13 可知，在模拟酸雨淋溶铬渣初期的不同 pH 情况下，淋溶液中 Cr(Ⅵ)浓度非常高。这是由于初始时铬渣中溶解度大的水溶态铬酸钠(溶解度为 87.3)含量高，所以溶解释放的量也大，且动态淋溶使固液界面更新加快，因而 Cr(Ⅵ)溶解释放速率也加快，并使淋溶液 pH 升高。随着每日淋溶的继续，累积淋入的降水量也越多，铬渣中的 Cr(Ⅵ)逐渐被降雨淋出，其溶出浓度急剧下降；当接近四月份时，铬渣中的水溶态铬酸钠含量越来越少，Cr(Ⅵ)溶出浓度逐渐减小；由于受铬酸钙等的溶解度(16.3)限制，溶解释放速率减小，直至最后趋于平缓。

图2-13显示，在模拟酸雨淋溶初期，pH=3时较pH=5.6时的Cr(Ⅵ)淋溶浓度要高，表明酸雨中pH越低，铬渣中Cr(Ⅵ)淋溶浓度越高，铬渣对环境的危害就越严重。一方面，由于土壤与阳离子的结合程度随pH降低而减弱，因此酸雨pH越低，与Cr(Ⅵ)发生阳离子交换反应的H^+越多，因此被吸附的Cr(Ⅵ)也越多。另一方面，铬渣中有机金属络合物的稳定性也随pH降低而减弱，因此酸雨的pH越低，氧化物表面提供专性吸附的位点就越少，并使吸附强度也降低，因而Cr(Ⅵ)更易被淋出；且随pH降低，Cr(Ⅵ)和OH^-的离子积减小，减少了形成沉淀的机会。

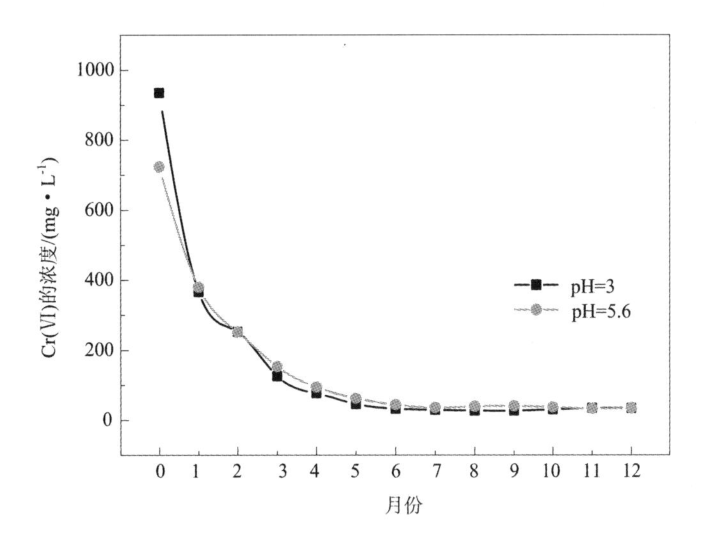

图2-13　不同pH动态淋溶对淋出液中Cr(Ⅵ)浓度的影响(20~60目)

2.5.2　铬渣粒径影响分析

从图2-14可以看出，Cr(Ⅵ)的淋溶浓度在同一pH的条件下，受粒径大小的影响主要表现为：粒径(小于100目)>粒径(60~100目)>粒径(20~60目)，表明铬渣中Cr(Ⅵ)的淋溶浓度随粒径的减小而增大，随着铬渣风化的进行，大块结构会逐渐疏松为小颗粒，加剧了铬渣对环境的危害。从三条曲线的趋势看出，在初期粒径小于100目的铬渣样品淋溶液的Cr(Ⅵ)浓度要远大于粒径60~100目和粒径20~60目的样品，但是随着淋溶时间的延长，粒径20~60目的铬渣样品的Cr(Ⅵ)溶出浓度反而略大于粒径60~100目和粒径小于100目的样品。这是由于单位质量的铬渣中的Cr(Ⅵ)含量是一定的，且铬酸钠渣中水溶性Cr(Ⅵ)极易释放，在淋溶初期粒径小的铬渣样品会比粒径大的样品溶出更多的Cr(Ⅵ)，而且溶解释放速率很快，在很短时间内就能释放绝大部分，故在淋溶后期粒径小的铬渣样品的溶出浓度反而会小于粒径大的样品。

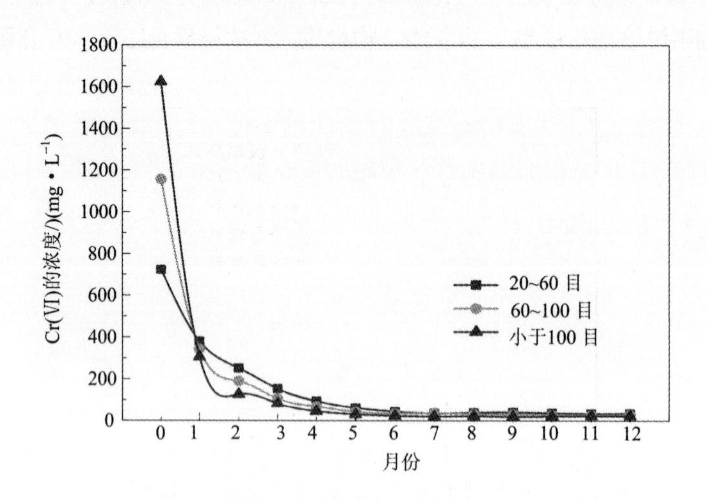

图 2－14　粒径对动态淋出液中 Cr(Ⅵ)浓度的影响（pH＝5.6）

但是粒径越小，淋溶过程中固液接触界面的面积越大，Cr(Ⅵ)的溶解释放速率越快，Cr(Ⅵ)的溶解释放总量也必然会越大，如图 2－15 所示。同一 pH(pH＝5.6)的淋溶条件下，0.5 kg 铬渣在模拟酸雨淋溶 13 d 之后，Cr(Ⅵ)的累积淋溶释放总量为：粒径小于 100 目(2132 mg)＞粒径 60～100 目(1839 mg)＞粒径 20～60 目(1597 mg)；与此同时，同一粒径(20～60 目)的条件下，0.5 kg 铬渣累积释放 Cr(Ⅵ)量为：pH＝3(1693 mg)＞pH＝5.6(1597 mg)。

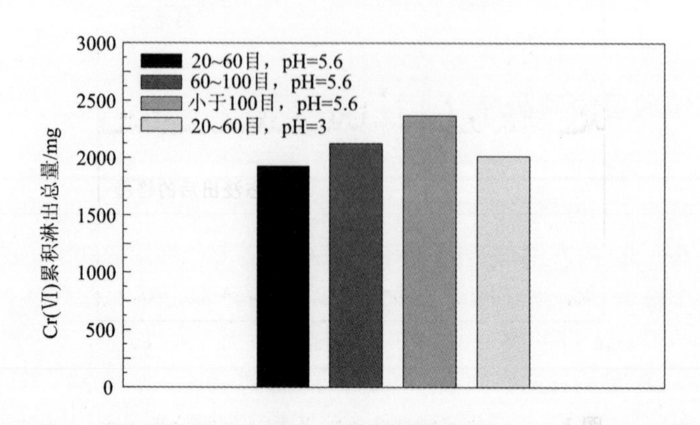

图 2－15　铬渣在不同粒径和 pH 动态淋溶下的 Cr(Ⅵ)累积淋出总量

2.5.3　淋溶前后铬渣的矿物组成、形貌及能谱分析

采用日本生产的 Rigaku - TTR Ⅲ型(日本理学)X 射线衍射仪 (40 kV/250 mA) 测定模拟酸雨淋溶前后的铬渣的主要矿物组成，测试结果见图 2 - 16 和图 2 - 17。

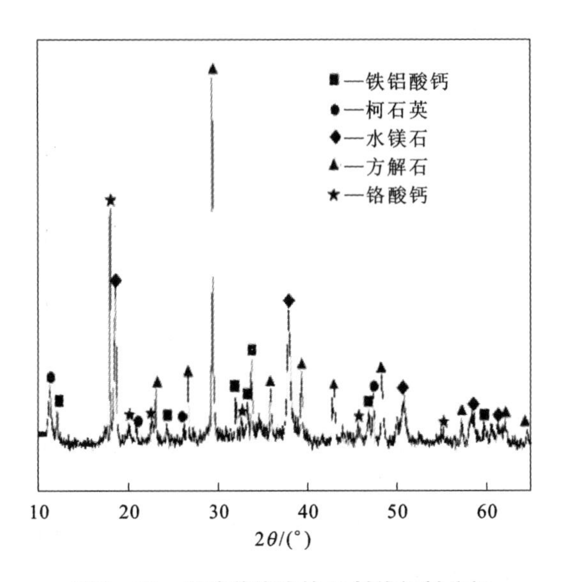

图 2 - 16　淋溶前铬渣的 X 射线衍射分析

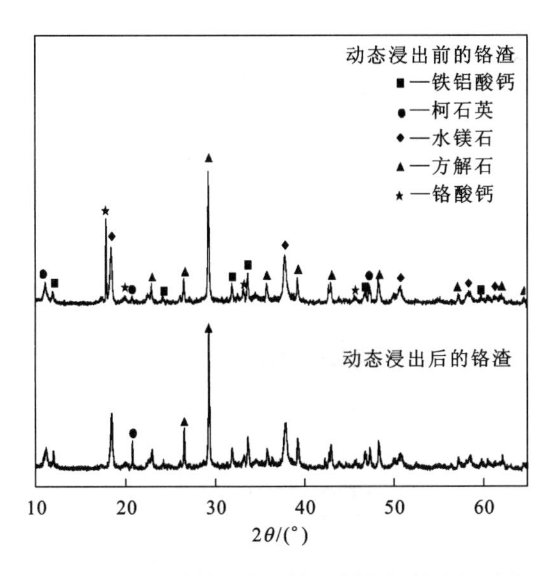

图 2 - 17　淋溶前后铬渣的 X 射线衍射分析对比

根据本实验淋溶前铬渣的XRD图，如图2－16所示。参考相关文献，可以得出其主要矿物组成为铁铝酸钙($4CaO \cdot Al_2O_3 \cdot Fe_2O_3$)、水镁石[$Mg(OH)_2$]、方解石($CaCO_3$)、柯石英($SiO_2$)和少量铬酸钙($CaCrO_4$)。铁铝酸钙是铬盐生产中的高温产物，从图2－16中可以看出铬酸钙含量较高；由于铬渣是由铬铁矿加纯碱、石灰石、白云石在1100～1200℃下高温焙烧、用水浸溶后所剩余的残渣，则方解石(即$CaCO_3$)既是浸取时熟料中未反应碳酸钠同铬酸钙复分解的产物，也是铬渣在多年堆存下发生风化时铁铝酸钙等物质水化生成的氢氧化钙吸收大气中二氧化碳的产物，故其含量也较高。由于熟料冷却时未来得及结晶，铬渣中还含有少量无定形物——柯石英。铬渣中的水镁石[$Mg(OH)_2$]是由炉料中白云石分解的游离氧化镁被水化而生成的。

由图2－17可知，模拟酸雨淋溶前、后的铬渣XRD图谱差别不大，主要体现在铬酸钙的峰强发生改变，含量减少。

图2－18显示，淋溶前铬渣表面粗糙且多微孔，而经模拟酸雨淋溶之后，铬渣表面变得光滑，颗粒粒径变小，且结构更加紧密。

图2－18　淋溶前后铬渣的SEM图

(a)淋溶前；(b)淋溶后

2.6　铬渣中Cr(Ⅵ)淋溶释放动力学机理

铬渣－水相互作用时，铬渣颗粒可视为一个分为主体和表面两个部分的固相体系，溶解反应主要发生在表面部分。Cr(Ⅵ)脱离铬渣颗粒界面向溶液扩散可分为两个阶段，即Cr(Ⅵ)脱离界面的过程和脱离界面后向外扩散的过程。由于Cr(Ⅵ)脱离界面较快，而向整个溶液的扩散却很慢，所以铬渣中Cr(Ⅵ)的进一步溶解取决于Cr(Ⅵ)离开界面后的扩散速率，即整个溶解过程速率的控制因素。

因此，铬渣中 Cr(Ⅵ)溶解释放速率遵循动力学机理，且服从菲克(Fick)扩散定律，即：

$$\frac{\mathrm{d}c}{\mathrm{d}t} = -\frac{DA}{V} \times \frac{\mathrm{d}c}{\mathrm{d}x} = -\frac{DA}{V} \times \frac{(c - c')}{\delta} \tag{2-3}$$

式中：$\mathrm{d}c/\mathrm{d}t$ 为扩散速率，即 Cr(Ⅵ)的溶解速率；D 为扩散系数，与扩散物质及介质的黏度、温度等因素有关；A 为固液接触面积；V 为溶液体积；c'为 Cr(Ⅵ)在铬渣表面附近的饱和浓度；c 为 Cr(Ⅵ)在溶液内部的浓度；$\mathrm{d}c/\mathrm{d}x$ 为浓度梯度，即 $(c-c')/\delta$；δ 为扩散层厚度。式中 D、A、V、δ 对同一固体和同一溶液来说都是常数。

本章第 2.4 节的试验结果显示：粒度、固液比、搅动、水的流动等均为影响铬渣中 Cr(Ⅵ)溶解释放速率的主要因素，且该溶解扩散过程服从菲克(Fick)扩散定律。粒度越小，固液接触面积 A 越大，Cr(Ⅵ)的溶解释放速率 $\mathrm{d}c/\mathrm{d}t$ 也越快；固液比越小，浸泡液中污染物浓度 c 也越低，因而单位质量铬渣中 Cr(Ⅵ)的溶解扩散速率 $\mathrm{d}c/\mathrm{d}t$ 反而越大；搅动会减小 Cr(Ⅵ)的浓度梯度 $(c-c')/\delta$，加快其溶解释放速率 $\mathrm{d}c/\mathrm{d}t$；水的动态流动使固液界面更新速度加快，Cr(Ⅵ)浓度梯度 $(c-c')/\delta$ 增大、溶解释放速率 $\mathrm{d}c/\mathrm{d}t$ 加快。另外，具体的扩散系数 D 等还需通过大量的实验研究确定。

2.7　铬渣中 Cr(Ⅵ)淋溶释放模型研究

2.7.1　建模目的和基础

通过淋溶实验所获得的参数，参考工业固体废弃物中重金属释放模型，建立符合研究区域内铬渣中 Cr(Ⅵ)的淋溶释放模型以预测堆放铬渣场地淋溶液中 Cr(Ⅵ)的浓度。模型的建立主要基于以下两点：①淋溶作用在铬渣的表面进行，相同种类、相同质量的堆放物在相同的淋溶条件下，水体中淋溶铬的浓度与其总表面积成正比；②铬渣的堆放量与有效降水累积量达到淋滤实验固液重量比时，实际淋溶的铬浓度与实验淋溶的铬浓度存在一定的相关关系。

2.7.2　模型建立与误差分析

2.7.2.1　**指数衰减模型**

根据已知数据点采用最小二乘法拟合得出：淋溶液中 Cr(Ⅵ)的浓度与降雨量之间呈指数衰减关系，该模型可表示为：

$$C_V = C_0 V^n \tag{2-4}$$

式中：C_V 表示当降雨量为 V mL 时淋溶液中 Cr(Ⅵ)的浓度，mg/L；V 为降雨量；

C_0 和 n为淋溶系数，是与铬渣性质相关的常数。

可根据表2-3中的统计数据得出铬渣中Cr(Ⅵ)的淋出浓度和累计淋出量，再利用数据处理软件如SPSS和Excel等进行回归拟合计算得到 C_0 和 n，见表2-4。将式(2-4)取常用对数得：

$$\lg C_V = \lg C_0 + n\lg V \tag{2-5}$$

由式(2-5)及表2-4可知，由于 $n<0$，$\lg C_V$ 与 $\lg V$ 呈负相关关系，即淋溶液中Cr(Ⅵ)的浓度随降雨量的增加而呈指数降低。可见，利用动态淋溶释放模型，可以定量预测降雨作用下铬渣中Cr(Ⅵ)对周围环境的污染程度。

表2-3 铬渣动态淋溶中Cr(Ⅵ)的淋出浓度及累计淋出量

淋溶时间/d	淋溶液累计量/mL	pH=5.6 粒径：20~60目		pH=5.6 粒径：60~100目		pH=5.6 粒径：小于100目		pH=3 粒径：20~60目	
		Cr(Ⅵ)累计淋出量/mg	Cr(Ⅵ)淋出浓度/($mg \cdot L^{-1}$)	Cr(Ⅵ)累计淋出量/mg	Cr(Ⅵ)淋出浓度/($mg \cdot L^{-1}$)	Cr(Ⅵ)累计淋出量/mg	Cr(Ⅵ)淋出浓度/($mg \cdot L^{-1}$)	Cr(Ⅵ)累计淋出量/mg	Cr(Ⅵ)淋出浓度/($mg \cdot L^{-1}$)
1	1000	724	723.53	1156	1155.58	1624	934.7	935	1624
2	1500	913	379.66	1327	342.59	1777	365.71	1118	305.6
3	2160	1080	251.98	1452	189.5	1861	253.06	1285	127.2
4	3020	1212	153.39	1543	106.12	1932	125.3	1392	83.2
5	4190	1322	94.38	1623	68.47	1985	76.73	1482	45.2
6	5740	1418	62.02	1689	42.36	2033	45.71	1553	30.56
7	7130	1479	43.53	1737	34.21	2064	31.84	1597	22.88
8	7840	1504	35.29	1763	36.78	2079	28.73	1618	20.32
9	8610	1533	38.6	1788	32.67	2095	26.61	1638	20.8
10	9140	1555	40	1804	30.74	2105	26.58	1652	18.72
11	9520	1568	36.38	1815	28.42	2113	29.88	1664	20.56
12	10050	1586	32.84	1829	27.46	2124	34.17	1682	22.32
13	10390	1597	33.84	1839	28.66	2132	33.25	1693	22

表 2-4　铬渣中 Cr(Ⅵ)淋溶释放的回归方程

项目	$C_0/(mg \cdot L^{-1})$	n	$RMSE$	R^2
pH=5.6，粒径：20~60 目	7×10^6	-1.3291	13.46	0.9915
pH=5.6，粒径：60~100 目	2×10^7	-1.4565	45.69	0.963
pH=5.6，粒径：小于 100 目	2×10^7	-1.4716	49.76	0.9682
pH=3，粒径：20~60 目	6×10^7	-1.6542	37.61	0.9273

对式(2-4)进行积分，可得到降雨量为 V 时，Cr(Ⅵ)的释放总量：

$$W_V = \int_{V_0}^{V_t} C_0 V^n \mathrm{d}V \tag{2-6}$$

2.7.2.2　遗传算法优化

本书通过遗传算法对一般数据处理及统计软件拟合得出的回归方程进行参数优化，使淋溶释放模型能够更好地描述现实情况；同时，利用均方根误差($RMSE$)和相关系数(R^2)对优化前后的模型进行评价。遗传算法优化结果如表 2-5所示。

表 2-5　遗传算法对淋溶释放回归方程的优化结果

项目	$C_0/(mg \cdot L^{-1})$	n	均方根误差 $RMSE$	$RMSE$ 优化率 $\left(\frac{RMSE_{优化前}-RMSE_{优化后}}{RMSE_{优化前}}\right)$	R^2
pH=5.6，粒径：20~60 目	7977372.151	-1.350928641	10.35	0.23	0.9987
pH=5.6，粒径：60~100 目	19962423.92	-1.478983382	11.00	0.76	0.9992
pH=5.6，粒径：小于 100 目	20477649.2	-1.461388074	41.50	0.17	0.9882
pH=3，粒径：20~60 目	59910871.49	-1.634408602	21.11	0.44	0.9986

可以看出，遗传算法优化后模型的模拟值与实测值明显接近，优化结果较好，最大 $RMSE$ 优化率达 76%，最小 $RMSE$ 优化率也已达到 17%。另外，通过比较相关系数 R^2 也可以看出，经遗传算法优化后的模型要明显好于未优化模型。经遗传算法优化后的模拟值与实测值比较如图 2-19 所示。

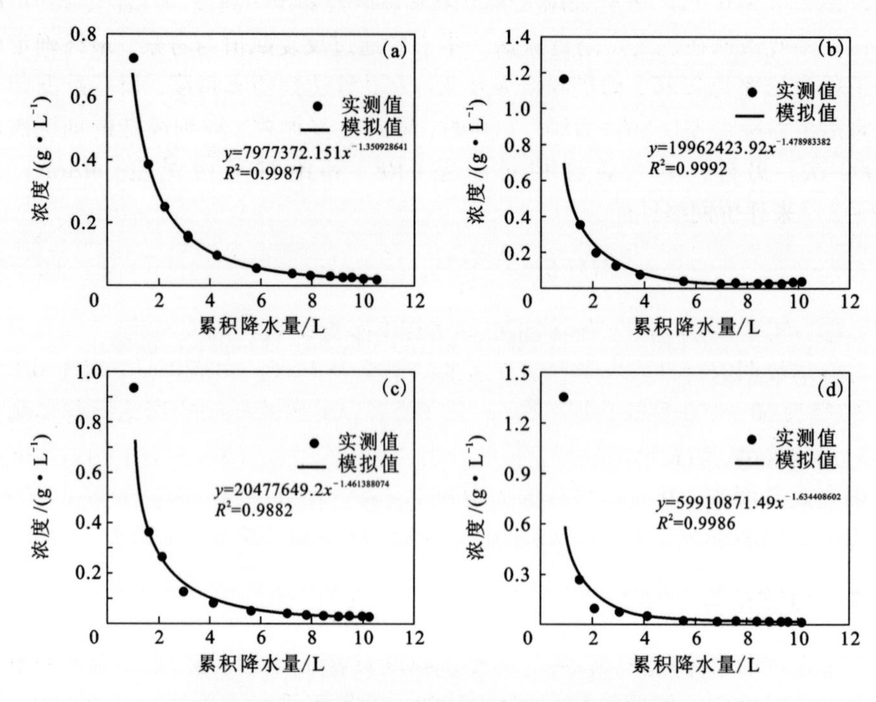

图2-19　遗传算法优化后模拟值与实测值比较

2.7.2.3　BP 网络仿真

本书通过神经网络对铬渣酸雨淋溶出的 Cr(Ⅵ)总量进行预测，实验的样本数据如表2-6所示。首先从每组实验(共4组实验)中随机选择2组数据用于验证(共8组)，其余样本数据(共44组)用于仿真训练。

表2-6　人工神经网络预测结果

	pH=5.6 粒径：20~60目		pH=5.6 粒径：60~100目		pH=5.6 粒径：小于100目		pH=3 粒径：20~60目	
实测/mg	1555.00	1568.00	1623.00	1788.00	1985.00	2064.00	1553.00	1618.00
预测/mg	1537.02	1552.97	1620.73	1790.87	1998.90	2049.67	1513.02	1614.26
RE/%	1.16	0.96	0.14	0.16	0.70	0.69	2.57	0.23
MAER/%	1.06	0.15	0.70	1.40				

学习率(*lr*)和动量因子(*mc*)是影响网络收敛速度的两个重要运行参数，两者

取值范围一般为0～1。虽然采用大的学习率可以提高学习速度，但若太大却可能导致网络不收敛而在稳定点附近振荡。本书中通过反复赋值与考察，最终确定比较合适的学习率为0.26，动量因子为0.7。为尽量达到仿真精度，设定数据归一化处理后的目标误差(*MSE*)为10^{-7}；同时，通过反复调控，得到最佳的训练次数为4000次。另外，本书通过相对误差(*RE*)和绝对平均误差[*MAER*，公式(2-7)]来评价网络性能。

$$MAER=\frac{1}{n}\sum_{k=1}^{n}|y_k-\hat{y}_k|/|y_k| \tag{2-7}$$

式中：y_k为实测值；$\hat{y}_k$为网络预测值；n为样本数据组数。

对样本数据进行自适应学习仿真后的结果见表2-6。由表可见，对于pH为5.6，粒径为60～100目的数据，其Cr(Ⅵ)的累计淋出总量的仿真结果与实测值的相对误差最小、仿真结果最好，二者分别为0.14%和0.16%。对于四组数据的整体仿真效果而言，其绝对平均误差分别为1.06%、0.15%、0.70%和1.40%，可以看出，BP神经网络对Cr(Ⅵ)的酸雨淋溶有很好的仿真预测能力。

2.7.3　模型应用

本书通过用遗传算法优化后的指数衰减模型对该企业的铬渣酸雨淋溶浓度及释放总量进行模拟。该厂历年(1965—2009年)累积堆存的铬渣多达90000 m^3，20余万t。从1962年投产开始生产金属铬以来，露天堆存在厂区内500 m×10 m的土地上，且未采取防护措施。假设每年产生的铬渣量相等，即每年产生铬渣约0.45万t。由实验可知，每0.5 kg铬渣需0.3 L雨水才能完全润湿，因此，每年所需的润湿水量为2700000 L(V_0)。根据该企业附近气象站的历年数据可知，从1965年至2009年，该渣场范围内的总降雨量为1441722834 L，因此，扣除地表径流的影响部分(30%)后，有效总降雨量为1009205983.8 L，从而使每年的有效降雨量为22426799.64 L(V_t)。由于铬渣在自然状态下基本上为20～60目，该区域酸雨pH约为5.6，由遗传算法计算结果可知，C_0与n分别为7977372.151和-1.350928641。因此，从1965年至2009年，通过分年段计算，可得如表2-7所示的渣场Cr(Ⅵ)释放量及淋出液浓度结果。由表2-7可知，在酸雨淋溶作用下，Cr(Ⅵ)逐渐从铬渣中淋溶出来，其累计淋溶量不断增加；且随着新渣的加入，旧渣没有得到有效处理，从而使渣场存渣量不断增加，Cr(Ⅵ)淋溶液浓度也逐年增大。至2009年，Cr(Ⅵ)累计淋溶量已达20.17 t，淋出液浓度已达899.41 mg/L，超过《生活饮用水卫生标准》(GB 5749—2006)限值(0.05 mg/L)数万倍。可见，铬渣堆场对周围环境有严重的影响，是造成周围土壤与地下水污染的重要原因。

表2－7　渣场Cr(Ⅵ)淋溶释放模拟结果

年度	铬渣量/万t	Cr(Ⅵ)累计淋出量/t	Cr(Ⅵ)淋溶液浓度/(mg·L^{-1})	年度	铬渣量/万t	Cr(Ⅵ)累计淋出量/t	Cr(Ⅵ)淋溶液浓度/(mg·L^{-1})
1965	0.45	14.49	734.64	1988	10.8	19.75	880.45
1966	0.9	16.47	734.29	1989	11.25	19.78	881.8
1967	1.35	17.3	771.49	1990	11.7	19.81	883.08
1968	1.8	17.79	793.39	1991	12.15	19.83	884.3
1969	2.25	18.13	808.33	1992	12.6	19.86	885.46
1970	2.7	18.38	819.39	1993	13.05	19.88	886.57
1971	3.15	18.57	828.05	1994	13.5	19.91	887.63
1972	3.6	18.73	835.08	1995	13.95	19.93	888.64
1973	4.05	18.86	840.95	1996	14.4	19.95	889.6
1974	4.5	18.97	845.96	1997	14.85	19.97	890.53
1975	4.95	19.07	850.31	1998	15.3	19.99	891.43
1976	5.4	19.16	854.13	1999	15.75	20.01	892.28
1977	5.85	19.23	857.53	2000	16.2	20.03	893.11
1978	6.3	19.3	860.59	2001	16.65	20.05	893.91
1979	6.75	19.36	863.36	2002	17.1	20.07	894.68
1980	7.2	19.42	865.88	2003	17.55	20.08	895.42
1981	7.65	19.47	868.2	2004	18	20.1	896.14
1982	8.1	19.52	870.34	2005	18.45	20.11	896.83
1983	8.55	19.56	872.32	2006	18.9	20.13	897.51
1984	9	19.61	874.16	2007	19.35	20.14	898.16
1985	9.45	19.64	875.88	2008	19.8	20.16	898.79
1986	9.9	19.68	877.5	2009	20.25	20.17	899.41
1987	10.35	19.71	879.02				

2.8 小结

本章针对某企业铬渣的污染危害情况，采取静态和动态酸雨淋溶方法，分析了淋溶前后铬渣的形态变化，总结了铬渣中 Cr(Ⅵ)溶解释放的影响因素，探讨了 Cr(Ⅵ)的溶解释放规律与动力学机理，并利用回归方程和人工神经网络理论建立了酸雨淋溶状态下 Cr(Ⅵ)淋出浓度与总量的仿真模型，最后利用遗传算法对模型进行了优化。所得结论如下：

(1)固液比、搅动、粒度以及水的流动是影响铬渣中的 Cr(Ⅵ)溶解释放速率的主要因素，其溶解释放规律服从 Fick 扩散定律：固液比越小，浸泡液中 Cr(Ⅵ)浓度越低，单位质量铬渣中 Cr(Ⅵ)的溶解扩散速率反而越大；粒度越小，固液接触面积越大，Cr(Ⅵ)溶解释放速度越快；搅动会减小 Cr(Ⅵ)在固液相中的浓度梯度，并加快其溶解释放速度；动态淋溶中水的动态流动使固液界面更新速度加快，淋溶水中的 Cr(Ⅵ)浓度始终未达到饱和，因而 Cr(Ⅵ)浓度梯度大、溶解释放速度快。

(2)通过神经网络对铬渣酸雨淋溶出的 Cr(Ⅵ)总量进行预测，结果显示：对于 pH 为 5.6 的酸雨和粒径为 60 ~ 100 目的铬渣，Cr(Ⅵ)的累计淋出总量的仿真结果与实测值的相对误差最小、仿真结果最好，分别为 0.14% 和 0.16% 。对于四组数据的整体仿真效果而言，其绝对平均误差分别为 1.06% 、0.15% 、0.70% 和 1.40% 。因此，BP 神经网络对 Cr(Ⅵ)的酸雨淋溶有较好的仿真预测能力。

(3)利用指数衰减模型对铬渣酸雨淋溶液中的 Cr(Ⅵ)浓度进行了拟合，并用遗传算法进行了优化。遗传算法优化后模型的模拟值与实测值明显接近，优化结果较好，最大 *RMSE* 优化率达 76% ，最小 *RMSE* 优化率也已达到 17% 。

(4)通过用遗传算法优化后的指数衰减模型对该企业的铬渣酸雨淋溶浓度及释放总量进行模拟与预测。在酸雨淋溶作用下，铬渣中淋溶出来的 Cr(Ⅵ)累计淋溶量不断增加。由于新渣的加入，而旧渣未得到有效处理，致使渣场总渣量不断增加，Cr(Ⅵ)淋溶液浓度逐年增大。至 2009 年，Cr(Ⅵ) 累计淋溶量达 20.17 t，淋出液浓度达 899.41 mg/L。

(5)铬渣堆场对周围环境有严重的影响，是长期的污染源，是造成周围地区土壤与地下水污染的重要原因。本研究对铬渣污染区域的渣场治理和土壤修复具有重要的指导意义。

第3章

Cr(Ⅵ)在土壤－地下水环境中的微界面过程研究

3.1　引言

随着社会和经济的发展，矿山开发、工业生产和污水灌溉产生的大量含重金属的污水和固体废物对土壤环境和人类健康造成了严重威胁。据统计，全球每年释放到环境中的有毒重金属达数百万吨。我国1988年的土壤普查结果表明，遭受重金属污染的土地占污染总面积的64.8%，其中轻度污染占46.7%，中度污染占9.7%，严重污染占8.4%。存在土壤重金属大面积污染的省份有湖南、辽宁、山东、河北、江苏和安徽等，受Cr、Cd、As和Pb等重金属污染的耕地面积达2000万公顷，占总耕地面积的1/5，造成每年粮食减产达1000多万t，每年粮食污染约1200万t，造成每年经济损失至少达200亿元。另外，土壤中的重金属不但可以在植物中累积，而且可以通过水动力作用进入地下水环境。国内外已有很多因土壤重金属污染导致地下水水质变化而禁止居民饮用的事例。因此，目前我国土壤污染的总体形势相当严峻，已对生态及人类健康构成了严重威胁。

近年来，越来越多的人开始关注土壤中的重金属污染，并根据其在土壤环境中的迁移、吸附以及解吸等特征采取了有效、合理的治理与修复措施。因此，为了防治土壤中的重金属污染，必须掌握其在土壤中的滞留释放迁移机理以及空间分布规律。

研究重金属迁移转化机理的常用方法主要有等温吸持法和土柱淋滤法。等温吸持法具有简便快速的优点，便于对机理的探讨。土柱淋滤法的实验条件更接近自然，试验结果更具有实用性，并且省时省力，是迁移过程研究中必不可少的手段。本章首先通过等温吸持法对研究区土壤Cr(Ⅵ)的吸附特性进行研究。由于Cr(Ⅵ)在土壤中迁移会发生对流、弥散和吸附等水动力作用。因而，本章接下来将通过土柱淋滤法研究Cr(Ⅵ)在土壤中的迁移参数，在分析对流、弥散等水动力作用的基础上利用数学模型对Cr(Ⅵ)在土壤中的空间分布规律进行模拟。最后，将综合考虑吸附与水动力作用的 Cr(Ⅵ)在土壤中的迁移模型与本书第 2 章提出的铬渣酸雨淋溶模型相耦合，对铬渣酸雨淋溶液中 Cr(Ⅵ)在土壤中的迁移及对地下水的危害进行模拟与预测，以期为土壤 Cr(Ⅵ)污染的防治提供科学、合理、有效的理论依据和分析手段。

3.2　土壤污染物运移耦合动力学模型

由于本章对土壤中 Cr(Ⅵ)的迁移研究主要基于美国岩土实验室于 1991 年开发的 HYDRUS 模型，因此以下对土壤水动力模型和污染物运移的分析与介绍将会涉及到 HYDRUS 模型的相关理论。

3.2.1　均匀流土壤水流控制方程

非饱和多孔介质中一维均匀流(平衡)水分运动是通过 Richards 方程的修正形式计算的，由于热力梯度可以忽略不计，故假设气相阶段在液体流动过程中的作用忽略不计：

$$\frac{\partial \theta}{\partial t}=\frac{\partial}{\partial x}\left[K\left(\frac{\partial h}{\partial x}+\cos\alpha\right)\right]-S \tag{3-1}$$

式中：h 为压力水头，L；θ 为体积含水率，m^3/m^3；t 是时间；x 是空间坐标(向上为正)；S 是补给项；α 是水流方向与垂直方向的夹角($\alpha = 0°$ 时为垂直方向，$\alpha = 90°$ 时为水平方向)；K 是非饱和水力传导度(L/T)，在饱和土壤中，其值与渗透系数相同。K 由下式给出：

$$K(h, x) = K_s(x) \times K_r(h, x) \tag{3-2}$$

式中：K_s 和 K_r 分别为饱和水力传导度(L/T) 和相对水力传导度(L/T)。

3.2.1.1　非饱和水力传导特征

在公式(3 - 1) 中的非饱和水力传导参数 $\theta(h)$ 和 $K(h)$ 一般是压力水头的非线性函数。HYDRUS 允许利用五个不同的水力特征解析模型：Brooks and Corey(1964)、Van Genuchten(1980)、Vogel and Cislerova(1988)、Kosugi(1996) 和 Durner(1994)。例如，可以运用 Van Genuchten(1980) 模型的水力传导函数，该模型应用 Mualem(1976) 的统计孔隙体积分配模型获得一个预测方程，用于非饱和水力传导函数。Van Genuchten(1980) 模型表达式如下：

$$\theta(h)=\begin{cases}\theta_r+\dfrac{\theta_s-\theta_r}{\left[1+|\alpha h|^n\right]^m} & h<0\\ \theta_s & h\geq 0\end{cases} \tag{3-3}$$

$$K(h) = K_s S_e^l \left[1-\left(1-S_e^{1/m}\right)^m\right]^2 \tag{3-4}$$

式中：$m=1-1/n$，$n>1$；θ_r 和 θ_s 分别表征了滞留含水率和饱和含水率；K_s 为饱

和水力传导度(L/T)；α是反向进气值(或者通气压力)。n是孔隙尺寸分配指数，l是孔隙联系参数，被Mualem(1976)估计，在许多土壤中的平均值为0.5。参数α、n和l可以认为是影响水力传导函数的经验系数。HYDRUS中第三套水力传导方程是由Vogel和Cislerova(1988)通过修正Van Genuchten(1980)，在描述近饱和水力传导特征时是通过添加弹性变量来实现的。

3.2.1.2 水力传导函数的尺度划分

HYDRUS执行了一个尺度过程，简化描述水流区域非饱和土壤水力传导度的空间变异。该模型假设给定土壤剖面的水力传导特征的变异与尺度呈线性转化关系，独立土层的参数与参考土层相联系，该概念是基于Miller在1956年提出的多孔介质内部的介质相似概念而提出的。

3.2.1.3 土壤传导特征的阻滞

非饱和水流模型的应用通常假定是唯一的，$\theta(h)$和$K(h)$的单一值(无阻滞)函数表征土壤剖面某一点的水力传导特征。该简化对许多模拟是概念性的，其他情形需要更理性化的描述，包括土壤水力传导度的阻滞。HYDRUS通过Scott等于1983年引入的经验模型把阻滞联系起来。

3.2.1.4 初始和边界条件

对方程(3-1)的求解需要水流区域压力水头的初始分配：

$$h(x,\ t)=h_i(x),\ t=t_0 \tag{3-5}$$

式中：t_0是模拟开始时的时间。

对于系统独立边界条件，下列条件必须指定，即土壤表面($x=\mathrm{L}$)或者土壤剖面的底部($x=0$)：

$$h(x,\ t)=h_0(t),\ x=0\ 或者\ x=\mathrm{L} \tag{3-6}$$

$$-K\left(\frac{\partial h}{\partial x}+\cos\alpha\right)=q_0(t),\ x=0\ 或者\ x=\mathrm{L} \tag{3-7}$$

$$\frac{\partial h}{\partial x}=0 \quad x=0 \tag{3-8}$$

式中：h_0和q_0分别是边界处压力水头(L)和土壤水流通量(L/T)的给定值。

3.2.2 溶质运移控制方程

假定溶质存在于三种状态(固相、液相和气相)中，其衰减和物质产生过程在每一种状态是不一样的。固液之间的相互作用可以用非线性、非平衡描述，液气之间的反应可以认为是线性和瞬时的。我们还可以进一步假设在液相条件下，溶质运移遵循对流-弥散方程；而在气相条件下，主要为弥散作用。

3.2.2.1 控制方程

偏微分方程控制连续一级反应中溶质的一维非平衡化学反应(变饱和多孔介

质的瞬时水流):

$$\theta \frac{\partial c_1}{\partial t} + \rho \frac{\partial s_1}{\partial t} + \alpha_v \frac{\partial g_1}{\partial t} = \frac{\partial}{\partial x}\left(\theta D_1^w \frac{\partial c_1}{\partial x}\right) + \frac{\partial}{\partial x}\left(\alpha_v D_1^g \frac{\partial g_1}{\partial x}\right) - q\frac{\partial c_1}{\partial x} - Sc_{r,l} - (\mu_{w,l} + \mu'_{w,l})\theta c_1 - (\mu_{s,l} + \mu'_{s,l})\rho s_1 - (\mu_{g,l} + \mu'_{g,l})\alpha_v g_1 + \gamma_{w,l}\theta + \gamma_{s,l}\rho + \gamma_{g,l}\alpha_v \tag{3-9}$$

$$\theta \frac{\partial c_k}{\partial t} + \rho \frac{\partial s_k}{\partial t} + \alpha_v \frac{\partial g_k}{\partial t} = \frac{\partial}{\partial x}\left(\theta D_k^w \frac{\partial c_k}{\partial x}\right) + \frac{\partial}{\partial x}\left(\alpha_v D_k^g \frac{\partial g_k}{\partial x}\right) - q\frac{\partial c_k}{\partial x} - (\mu_{w,k} + \mu'_{w,k})\theta c_k - (\mu_{s,k} + \mu'_{s,k})\rho s_k - (\mu_{g,k} + \mu'_{g,k})\alpha_v g_k + \mu'_{w,k-1}\theta c_{k-1} + K\varepsilon(2, n_s) - \mu'_{s,k-1}\rho s_{k-1} + \mu'_{g,k-1}\alpha_v g_{k-1} + \gamma_{w,k}\theta + \gamma_{s,k}\rho + \gamma_{g,k}\alpha_v - Sc_{r,k} \tag{3-10}$$

式中：c、s 和 g 分别为溶液、固相和气相中的溶质浓度，M/L^3；q 为体积流量，L/T；μ_w、μ_s、μ_g 分别是溶质在液相、固相和气相中的一级反应速率常数，T^{-1}。μ'_w、μ'_s、μ'_g 是相似一级反应速率常数，反映了与独立反应链产物之间的联系；γ_w、γ_s、γ_g 分别是液相[$M/(L^3 \cdot T)$]、固相(T^{-1})和气相[$M/(L^3 \cdot T)$]的零级反应速率常数；ρ 是土壤体密度，M/L^3；α_v 是空气含量，L^3/L^3；S 是水流方程(3－1)的补给项；c_r 是补给项浓度，M/L^3；D^w 是液体中的分子扩散系数，L^2/T；D^g 是气体中的弥散系数，L^2/T；k 代表第 k 种反应链；n_s 为反应链中的溶质数。在公式(3－9)和公式(3－10)中，这 9 个零级和一级反应可以用于各种反应和转化，包括生物降解、挥发和沉淀等。

3.2.2.2　初始和边界条件

方程求解需要有水流区域、Q、溶质浓度的初始条件，即：

$$\begin{aligned} c(x,\ 0) &= c_i(x) \\ s^k(x,\ 0) &= s_i^k(x) \\ c_{im}(x,\ 0) &= c_{im,\ m}(x) \end{aligned} \tag{3-11}$$

式中：$c_i(M/L^3)$，$c_{im}(M/L^3)$ 和 s_i^k 都是给定的 x 的函数；初始条件必须指定 s_i^k。

两种边界条件(Dirichlet 和 Cauchy 类型边界)可以用于上、下边界问题的处理。第一类边界条件(Dirichlet 类型边界)描述了边界的浓度：

$$c(x,\ t) = c_0(x,\ t) \quad x = 0 \text{ 或 } L \tag{3-12}$$

然而，第三类边界条件(Cauchy 类型边界)可以用于描述上、下边界的浓度通量：

$$-\theta D \frac{\partial c}{\partial x} + qc = q_0 c_0 \quad x = 0 \text{ 或 } L \tag{3-13}$$

式中：q_0 提供了上边界水流通量，L/T；c_0 为入流浓度，M/L^3。在一些情况下，例如当边界不透水时($q_0 = 0$)，或者水流直接流出区域时，方程(3－13)则变为第二

类边界条件(Neumann 类型):

$$\theta D \frac{\partial c}{\partial x} = 0 \quad x = 0 \text{ 或 } L \tag{3-14}$$

对于挥发性溶质，要求不同类型的土壤表面边界条件，当同时出现在液相和气相中时，该情形要求第三类边界条件，需要考虑附加项，通过土壤表面静态边界层的厚度 d(L)。附加溶质通量与边界上、下层气态中浓度的差值成比例。修正的边界条件形式如下:

$$-\theta D \frac{\partial c}{\partial x} + qc = q_0 c_0 + \frac{D_g}{d}(k_s c - g_{Atm}) \quad x = L \tag{3-15}$$

式中: D_g 是气体分子弥散系数，L^2/T; g_{Atm}是静态边界层的气体浓度，M/L^3，Jury 等假定 $g_{Atm}=0$; 同样地，简化为第二类边界条件，当水流为 0 或者直接流出区域时:

$$-\theta D \frac{\partial c}{\partial x} = \frac{D_g}{d}(k_s c - g_{Atm}) \quad x = L \tag{3-16}$$

方程(3－15)和方程(3－16)只用于当附加弥散通量为正时。Jury 等讨论了如何估计边界层厚度 d，并推荐 d 值为 0.5 cm 作为裸地表的较好的平均值。

在模型求解与应用过程中，必须首先研究污染物在土壤中的吸附特性、迁移机理和迁移参数等，因而在以下章节中，首先通过室内实验，对 Cr(Ⅵ)在土壤中的吸附特征、迁移机理和相关参数等进行分析与研究，然后再对模型进行求解与应用。

3.3　材料与方法

3.3.1　野外土壤采集

本实验所用土壤采自未受污染的能够代表研究区的性质的原状土壤。采集时剥去表层的枝叶及杂屑层，以尽量不破坏土壤的物理结构，且分层进行采集。另外用环刀在相同位置采集土壤样本，并对土壤进行理化分析(表 3－1)。

表3-1　土壤粒径及物理化学性质分析

<table>
<tr><td>项目</td><td colspan="7">指标内容及测定值</td></tr>
<tr><td rowspan="2">粒径含量/%</td><td colspan="2">砂粒
(0.02～2 mm)</td><td colspan="3">粉粒(0.002～0.02 mm)</td><td colspan="2">黏粒(<0.002 mm)</td></tr>
<tr><td colspan="2">48</td><td colspan="3">4</td><td colspan="2">48</td></tr>
<tr><td rowspan="2">物理性质</td><td>土壤质地</td><td colspan="2">土壤容重
/(g·cm^{-3})</td><td colspan="2">土壤含水率/%</td><td colspan="2">孔隙度/%</td></tr>
<tr><td>黏土</td><td colspan="2">1.64</td><td colspan="2">20</td><td colspan="2">51.05</td></tr>
<tr><td rowspan="3">化学性质</td><td colspan="2">pH</td><td rowspan="2">有机质
/%</td><td rowspan="2">阳离子交换量
/(mmol·kg^{-1})</td><td rowspan="2">总Cr
/(mg·kg^{-1})</td><td rowspan="2">Fe
/(mg·kg^{-1})</td><td rowspan="2">Mn
/(mg·kg^{-1})</td></tr>
<tr><td>水</td><td>KCl</td></tr>
<tr><td>6.2</td><td>4.7</td><td>0.2</td><td>215</td><td>79.2</td><td>9383.6</td><td>160.0</td></tr>
</table>

注：电位法测土壤pH；Gillman(1979)法测阳离子交换量(CEC)；采用油浴加热-K_2CrO_7容量法测有机质含量。

3.3.2　吸附试验

3.3.2.1　反应平衡时间确定

称取1 g过35号筛的土壤样品5份，装入50 mL塑料离心管中，加入浓度为100 mg/L的Cr(Ⅵ)标准溶液10 mL，分别在15℃、25℃和35℃的恒温振荡器上振荡10 min、20 min、30 min、40 min、50 min、1 h、2 h、3 h、4 h、6 h、8 h、10 h，振荡频率为130±10次/min，振荡结束后取平衡溶液，用离心机分离后，取0.5 mL于50 mL容量瓶定容，用二苯碳酰二肼分光光度法(GB/T 7467—1987)测定上清液中的Cr(Ⅵ)浓度。

3.3.2.2　不同pH对吸附的影响

用HCl或NaOH将100 mg/L的Cr(Ⅵ)标准溶液调成不同pH(pH=3.0、5.0、7.0、9.0、11.0、13.0)的溶液10 mL，加入1 g过35号筛的土壤样品，恒温振荡4 h，频率为130±10次/min，平衡1 h后离心分离，测定上清液中的Cr(Ⅵ)浓度。

3.3.2.3　不同固液比对吸附的影响

分别称取2.0 g、1.0 g和0.5 g过35号筛的土壤各7份于离心管中，各加入10 mL经NaOH调节后pH为12的不同浓度(10 mg/L、20 mg/L、40 mg/L、60 mg/L、80 mg/L、100 mg/L、200 mg/L)的Cr(Ⅵ)溶液，分别形成固液比为1∶5、1∶10、1∶20的溶液，恒温振荡4 h，平衡1 h，振荡频率为130±10次/min，

离心分离后测定Cr(Ⅵ)浓度。各浓度均设三个平行处理，并设无土空白实验。

3.3.2.4 **不同温度对吸附的影响**

称取1.0 g过35号筛的土壤样品7份于离心管中，分别加入10 mL经NaOH调节后pH为12的不同浓度(10 mg/L、20 mg/L、40 mg/L、60 mg/L、80 mg/L、100 mg/L、200 mg/L)的Cr(Ⅵ)溶液，分别于15℃、25℃、35℃温度下恒温振荡4 h，平衡1 h，振荡频率为130±10次/min，离心分离后测定Cr(Ⅵ)的浓度。各浓度均设三个平行处理，并设无土空白实验。

3.3.3 土柱试验装置与方法

试验包括两部分内容，先用非反应性溶质氯离子在土柱中运移，得到其穿透曲线(BTC)，通过该BTC获得土柱的相关参数(如水动力弥散系数D等)，然后再用Cr(Ⅵ)溶液穿透土柱，得到Cr(Ⅵ)的BTC。利用已获得的土壤迁移参数并结合试验结果，通过溶质的迁移模型，即可对Cr(Ⅵ)在土壤中的穿透曲线进行预测，也可对实测Cr(Ⅵ)的BTC与预测Cr(Ⅵ)的BTC进行比较，以检验模型的优劣。

Cr(Ⅵ)在土壤中的迁移研究在有机玻璃材料制成的渗滤柱中进行，渗滤柱如图3－1所示，上端敞开，下端封口并开一小孔接一较细橡皮管承接淋滤液，用蠕动泵从马氏瓶中供液。在渗滤柱底部装有一个多孔塑料板，柱底垫一层分析滤纸并铺5 cm厚石英砂后装入样品，样品上同样铺一层分析滤纸，以保证淋滤液能均匀地流入及流出，防止堵塞出水孔，淋滤速度用蠕动泵控制。

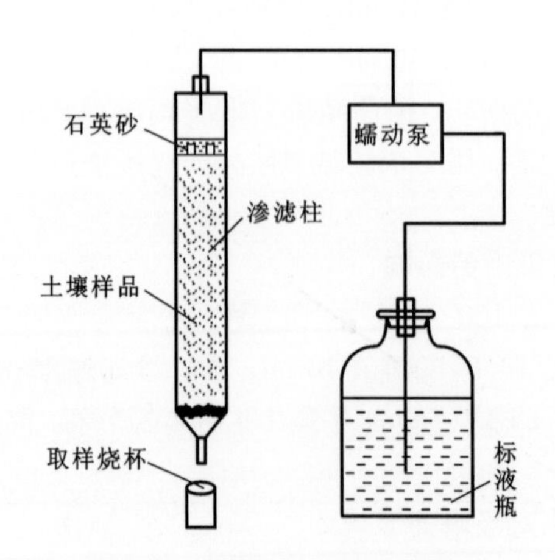

图3－1 迁移实验装置示意图

实验步骤如下：

(1) 配制标准溶液：0.01 mol/L的$NaNO_3$、0.05 mol/L的NaCl和100 mg/L

的 Cr(Ⅵ)。

(2) 装入土壤样品：将土壤样品按干容重 1.3 分层装入土柱装置，为避免堵塞并获得澄清的出流液，土柱底层和顶层用无纺布和滤纸做反滤层。将马氏瓶对土柱供液的稳定入流量调节为 2 mL/min。

(3) 氯离子穿透试验：将 $NaNO_3$ 标准溶液从土柱底部输入以排除土柱内的空气，当土柱饱和时顶端出流液稳定流出。将 $NaNO_3$ 标准溶液从顶端输入置换土柱本底氯离子。当出流液中无氯离子检出后，将顶端 $NaNO_3$ 溶液换为 NaCl 标准溶液，每隔 30 min 测定出流液氯离子浓度，直至出流液氯离子浓度接近入流液氯离子浓度。

(4) Cr(Ⅵ) 穿透试验：用 $NaNO_3$ 标准溶液置换土柱中氯离子后，用 Cr(Ⅵ) 标准溶液(pH 为 11.8)对土柱进行穿透。每隔 60 min 测定出流液中 Cr(Ⅵ)浓度，直至出流液与入流液中 Cr(Ⅵ)的浓度接近。

3.3.4 分析方法

3.3.4.1 溶液 Cr(Ⅵ)浓度分析方法

溶液中 Cr(Ⅵ)浓度的分析方法如第 2 章 2.3.4.1 节中所示。

3.3.4.2 氯离子的测定

溶液中氯离子的浓度采用离子色谱测定，离子色谱仪为美国戴安公司(Dionex)生产，其型号为：ICS-90 阴离子色谱仪(Ion Chromatography System)。

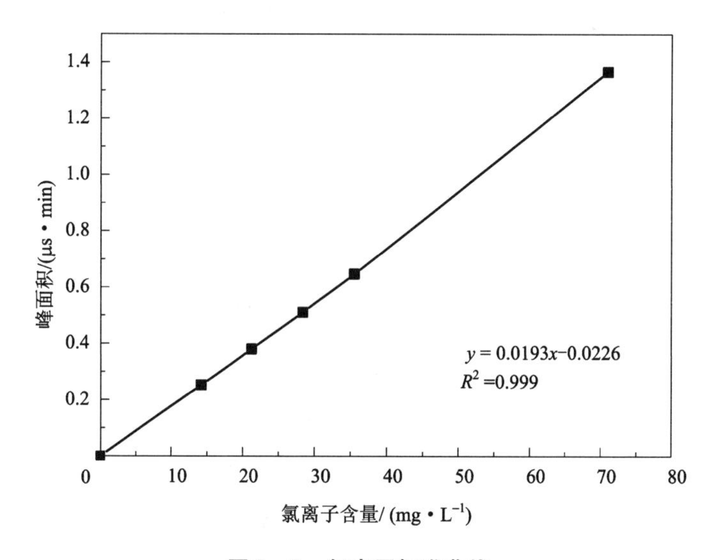

图 3-2　氯离子标准曲线

准确称取 2.922 g 分析纯 NaCl(105 ℃烘干 2 h)并将其溶于水，移入 1 L 的容量瓶中，用去离子水定容，配置成氯离子标准贮备溶液([Cl^-] = 0.05 mol/L)。吸取标准贮备液 10 mL 于 100 mL 容量瓶中，稀释至刻度，配置成氯离子标准使用液。然后吸取氯离子标准使用液，并分别稀释到以下各浓度：14.2 mg/L、21.3 mg/L、28.4 mg/L、35.5 mg/L、71 mg/L。以 0.45 μm 滤膜过滤后注入离子色谱仪分析。对浓度和峰面积进行线性回归，得到氯离子标准曲线图，如图 3 - 2 所示，其标准曲线相关参数见表 3 - 2。

表 3 - 2　氯离子标准曲线相关参数

序号	保留时间	名称	数据点个数	相关系数
1	6.95 min	氯离子	6	0.999

3.3.4.3　土壤中总铬、铁、锰的测定

为了确定土壤中铬的背景浓度以及避免背景浓度对实验的影响，需要测定土壤中原来的铬含量。为了了解土壤中重金属的含量，本实验选择测定土壤中铁和锰的含量。本实验所用土壤经消解后，采用火焰原子吸收分光光度法测消解液中总铬以及铁和锰的含量。铬标线采用国家铬标准溶液(GSB G62043—90)制作。铁、锰标线分别采用国家铁、锰标准溶液制作。火焰原子吸收法的测定条件为：空气 - 乙炔火焰，分析波长为 217.6 nm(Cr)、248.3 nm(Fe)和 279.5 nm(Mn)，狭缝宽为 0.2 mm，阻尼常数为 2s 以及 HCl 元素灯。

3.3.4.4　溶液体系 pH 的测定

溶液体系的 pH 采用 LP115 pH meter 型酸度计测量。

3.3.4.5　傅立叶红外光谱分析

采用 Nicolet IS10 傅立叶红外光谱仪(美国热电公司)进行测定。将迁移实验前后的土壤烘干后取样与 KBr 压片，然后对其进行 FTIR 分析。

3.4　铬在土壤中的吸附动力学和吸附特性

溶质在溶剂中呈不均匀的分布状态，表层中的浓度与内部不同，这种浓度不均一的现象称为吸附作用。影响重金属行为最重要的物理化学过程是吸附。研究吸附的方法大致可分为 4 类：吸附等温线法、热力学方法、仪器学方法和动力学方法。本书综合运用吸附等温线法、热力学方法和动力学方法对铬在土壤中的吸附特性进行了研究。

3.4.1 不同温度下的吸附平衡规律

当Cr(Ⅵ)初始浓度为100 mg/L时，供试土壤在三种不同温度(15℃、25℃和35℃)下对Cr(Ⅵ)的吸附量变化曲线如图3-3所示。由图可知，在上述三种不同温度实验中，Cr(Ⅵ)的吸附量随时间变化的趋势基本一致，即随着温度的升高和时间的延长，土壤对Cr(Ⅵ)的吸附量逐渐增大，最后均达到吸附平衡状态，且三者达到平衡状态的时间基本相同。土壤对Cr(Ⅵ)的吸附可以分为两个阶段：①吸附量快速增加阶段，即在吸附开始的前2小时内，吸附量增加很快直至接近吸附平衡；②吸附量缓慢增加阶段，即在吸附发生2小时之后，吸附量随着时间的延长缓慢增加。由于土壤接触初期以Cr(Ⅵ)的吸附作用为主，因此在前一阶段吸附量快速增加。随着时间的延长，还原作用所占的比例逐渐增加，因此在第二阶段中吸附速度减缓，并逐渐达到吸附平衡。

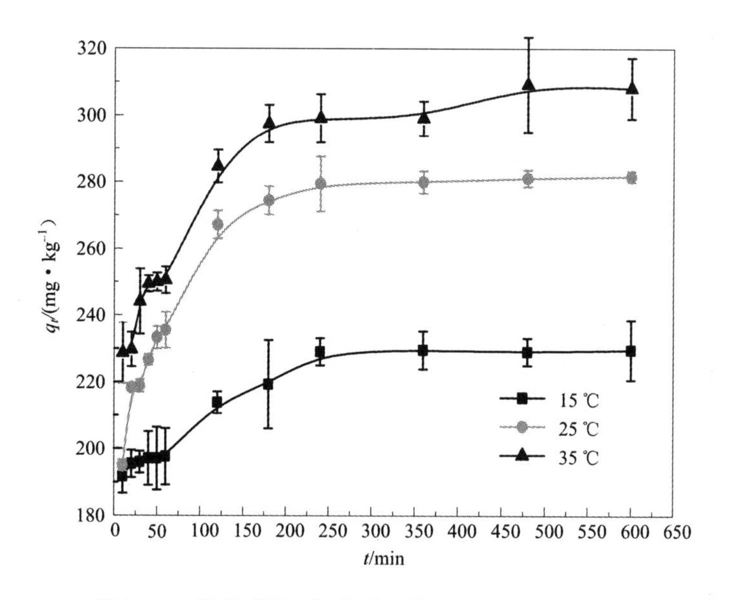

图3-3 振荡时间和温度对土壤吸附Cr(Ⅵ)的影响

3.4.2 动力学分析

为了研究Cr(Ⅵ)在供试土壤中的传质与吸附过程的控制机理，本节采用两种典型的动力学方程，即拟一级和拟二级动力学方程，来分析Cr(Ⅵ)与土壤吸附过程的速率控制进程。拟一级动力学方程如下所示：

$$\frac{dq_t}{dt}=k_1(q_e-q_t) \quad (3-17)$$

式中：k_1、q_t 和 q_e 分别为PFO的吸附速率常数(min^{-1})、t 时刻土壤对Cr(Ⅵ)的表观吸附量(mg/kg)和PFO达到平衡时土壤对Cr(Ⅵ)的表观吸附量(mg/kg)。

将初始条件 $t=0$ 时，$q_t=0$，以及当 $t=t$ 时，$q_t=q_t$ 代入上式并积分可得：

$$\lg(q_e-q_t)=\lg(q_e)-\frac{k_1}{2.303}t \quad (3-18)$$

另外，基于吸附平衡容量的模型的拟二级动力学方程如下：

$$\frac{dq_t}{dt}=k_2(q_e-q_t)^2 \quad (3-19)$$

式中：k_2 为PFO的吸附速率常数，kg/(mg · min)，其余符号同拟一级动力学方程。

同样，将初始条件 $t=0$ 时，$q_t=0$，以及当 $t=t$ 时，$q_t=q_t$ 代入上式并积分可得：

$$\frac{t}{q_t}=\frac{1}{k_2q_e^2}+\frac{1}{q_e}t \quad (3-20)$$

因此，以实验得出的$\frac{t}{q_t}$为纵坐标，t 为横坐标在直角坐标系中作图求得相应的斜率与截距，即可得出上式中的 k_2 和 q_e。

将测定的土壤中Cr(Ⅵ)吸附的实验结果进行统计拟合，得到不同的吸附动力学的模型，拟合结果见表3－3及图3－4、图3－5。

表3－3 不同温度下土壤中Cr(Ⅵ)吸附动力学模型的参数

温度/℃	拟一级动力学方程			拟二级动力学方程		
	q_e/($mg \cdot kg^{-1}$)	k_1/(min^{-1})	R^2	q_e/($mg \cdot kg^{-1}$)	k_2/[$kg \cdot (mg \cdot min)^{-1}$]	R^2
15	39.06	0.0090	0.8593	232.56	0.0006	0.9998
25	66.98	0.0095	0.9548	286.53	0.0004	0.9999
35	78.20	0.0074	0.9043	312.20	0.0003	0.9997

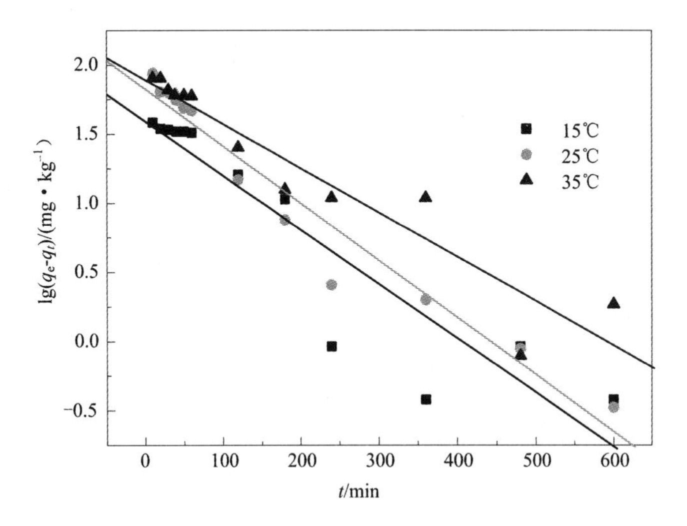

图3-4 不同温度下土壤吸附Cr(Ⅵ)的拟一级动力学模型

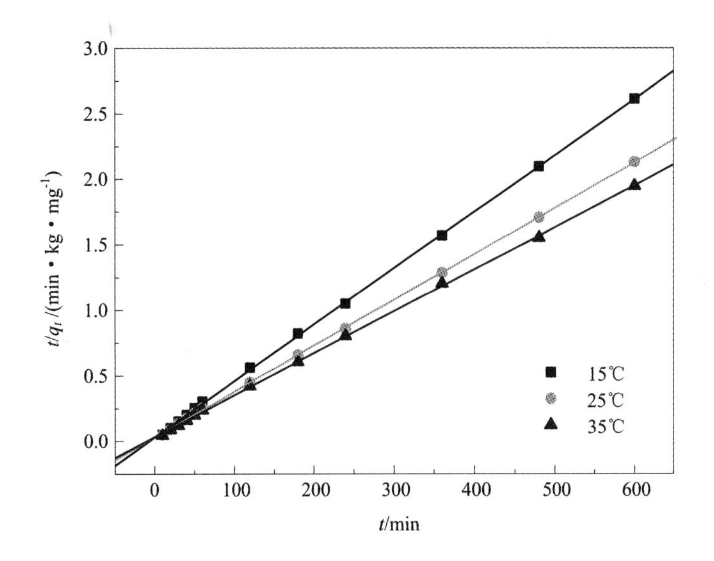

图3-5 不同温度下土壤吸附Cr(Ⅵ)的拟二级动力学模型

由结果分析可知，在15℃、25℃和35℃时，通过拟二级动力学吸附模型拟合所得的 q_e 分别为232.56 mg/kg、312.20 mg/kg和286.53 mg/kg，与实测值229.62 mg/kg、281.67 mg/kg和309.21 mg/kg相差不大，而拟一级动力学吸附模型的 q_e 分别为39.06 mg/kg、67.05 mg/kg和78.20 mg/kg，大大低于实测值。另

外，在上述三个温度条件下，供试土壤对Cr(Ⅵ)的吸附与拟二级动力学吸附模型的相关系数分别为0.9998、0.9999和0.9997，而与拟一级动力学吸附模型的相关系数分别为0.8593、0.9548和0.9043。由此可知，与一级动力学吸附模型相比，Cr(Ⅵ)的动力学吸附数据更加符合拟二级动力学吸附模型。

3.4.3　热力学分析

热力学中的参数，如吉布斯自由能($\Delta G^{\ominus}$)、焓变($\Delta H^{\ominus}$)和熵变($\Delta S^{\ominus}$)，可通过以下公式求得：

$$\ln K_c = \frac{\Delta S^{\ominus}}{R} - \frac{\Delta H^{\ominus}}{RT} \tag{3-21}$$

$$\Delta G_{ads} = \Delta H_{ads} - T\Delta S_{ads} \tag{3-22}$$

式中：R、T和K_c分别为气体常数(8.314 J/mol·K)，绝对温度(K)和标准热力学平衡常数(L/kg)。其中K_c可由q_e/C_e求得，$\Delta H^{\ominus}$和$\Delta S^{\ominus}$可以通过以$\ln K_c$和$1/T$分别为纵、横轴的斜率和截距计算得出。

通过结果分析(表3-4)可知，土壤对Cr(Ⅵ)的吸附是自发过程，并且是吸热反应($\Delta G^{\ominus} < 0$，$\Delta H^{\ominus} > 0$)。并且，土壤吸附Cr(Ⅵ)时，会在土壤内部发生($\Delta S^{\ominus} > 0$)固-液界面的随机无序性现象。

表3-4　供试土壤对Cr(Ⅵ)吸附的热力学参数

T/K	$\Delta G^{\ominus}$/(kJ·mol^{-1})	$\Delta H^{\ominus}$/(kJ·mol^{-1})	$\Delta S^{\ominus}$/(J·mol^{-1}·K^{-1})
288	-2.78	14.01	58.33
298	-3.36		
308	-3.94		

3.4.4　pH影响分析

由图3-6可知，供试土壤对Cr(Ⅵ)的吸附量随pH的增加而下降。曲线的变化趋势可分为三段：①3 < pH < 9时，吸附量随pH的上升而下降，曲线变化趋势明显；②9 < pH < 11时，曲线趋于平缓，吸附量变化不明显；③11 < pH < 13时，曲线陡峭，吸附量随pH的上升而急剧下降。这是由于Cr(Ⅵ)在溶液体系中主要以酸性铬酸根($HCrO_4^-$)、铬酸根(CrO_4^{2-})和重铬酸根($Cr_2O_7^{2-}$)等阴离子的形式存在。当pH较低时，质子化作用使土壤胶体对阴离子的吸附量增大；而pH较高时，土壤表面的正电荷随OH^-的增加而减少，不利于其对阴离子的电性吸附。

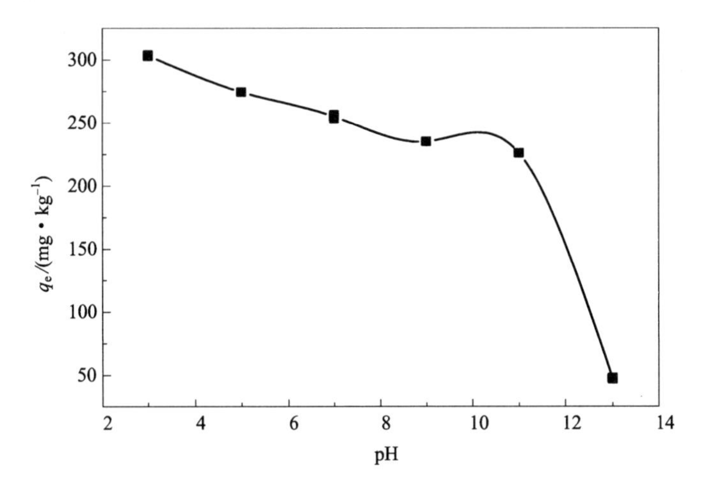

图3-6 pH对Cr(Ⅵ)在土壤中吸附量的影响

另外，从Cr(Ⅵ)-H_2O体系稳定性分析可知，当pH较低时，体系以酸性铬酸根($HCrO_4^-$)为主；随着pH的上升，当pH>5.0时，体系中$HCrO_4^-$的比例迅速减少，而CrO_4^{2-}的比例迅速增加；当pH > 8.5时，体系中仅有铬酸根(CrO_4^{2-})存在。因此，土壤对Cr(Ⅵ)的吸附量随pH上升而减少，当pH较高时，吸附量变得极少。并且，土壤对Cr(Ⅵ)的吸附可能以$HCrO_4^-$为主。

3.4.5 不同固液比下等温吸附特性

由实验结果可知，土壤对Cr(Ⅵ)的吸附量随Cr(Ⅵ)溶液初始浓度的升高而增大，且固液比越小，单位质量土壤对Cr(Ⅵ)的吸附量也越大。对平衡浓度与吸附量作图得到25℃时供试土壤在三种不同固液比下对Cr(Ⅵ)的吸附等温线，如图3-7所示。

本节利用Langmuir和Freundlich等温吸附模型建立供试土壤对Cr(Ⅵ)的吸附量和吸附平衡浓度的关系。

3.4.5.1 Langmuir **方程**

Langmuir方程是由Olsen等人于1957年率先将其引进土壤磷的吸附研究，是目前应用最广、影响最大的离子吸附等温方程式。Langmuir方程如下所示：

$$q_e = \frac{bq_m C_e}{1 + bC_e} \tag{3-23}$$

式中：q_e为单位质量吸附剂吸附的吸附质的量，mg/kg；q_{max}为单位质量吸附剂吸附的最大吸附质的量，mg/kg，即单分子层吸附达到饱和时对应的吸附容量；C_e为吸附平衡时溶液中的吸附质浓度，mg/L；b为吸附常数。上式线性化处理后如下式所示：

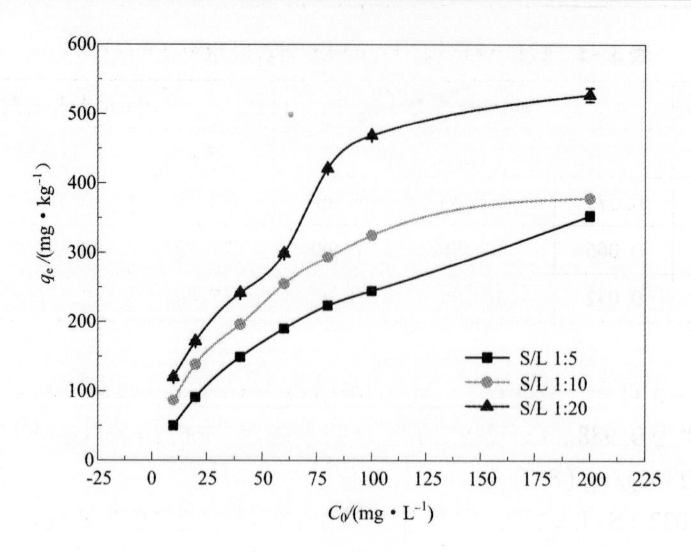

图 3－7　不同固液比与 Cr(Ⅵ)溶液初始浓度对 Cr(Ⅵ)在土壤中吸附量的影响

$$\frac{C_e}{q_e}=\frac{C_e}{q_{max}}+\frac{1}{bq_{max}} \tag{3-24}$$

依据式(3－24)和实验测定的 Cr(Ⅵ)溶液在不同初始浓度下的平衡吸附量 q_e 与平衡浓度 C_e，分别以 C_e 和 C_e/q_e 为横坐标与纵坐标作图得到等温吸附线(图 3－8)，并由等温吸附线的截距和斜率分别求出 q_{max} 和 b(表 3－5)。

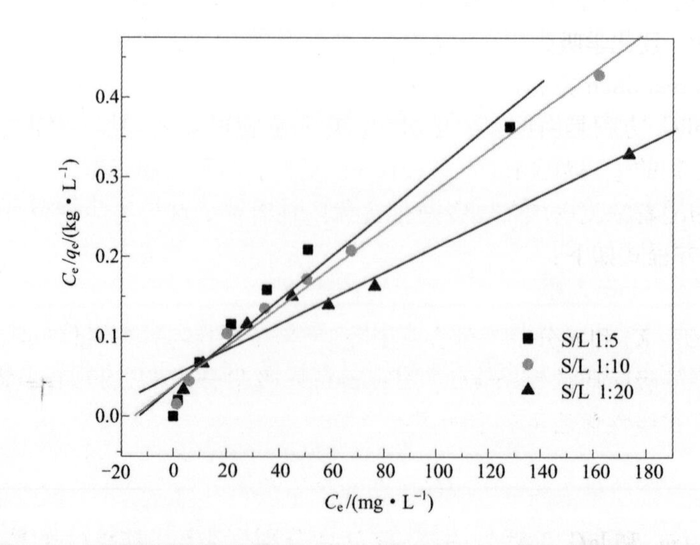

图 3－8　不同固液比下土壤对 Cr(Ⅵ)的 Langmuir 等温吸附线(25℃)

表3-5　Langmuir 和 Freundlich 等温吸附模型参数(25℃)

S/L 值	Langmuir 常数			Freundlich 常数		
	b	q_{max}	R^2	K_d	$1/n$	R^2
1:5	0.075	366.30	0.953	73.13	0.315	0.996
1:10	0.066	404.86	0.988	77.79	0.325	0.976
1:20	0.032	617.28	0.965	57.60	0.452	0.931

由表3-5可知，土壤对Cr(Ⅵ)的吸附符合Langmuir等温吸附模型，其最大相关系数R^2为0.988。Cr(Ⅵ)的最大吸附量较小[366.30mg/kg（S∶L=1∶5）< q_{max} < 617.28 mg/kg（S∶L=1∶20）]；b分别为0.075（S∶L=1∶5）、0.066（S∶L=1∶10）和0.032（S∶L=1∶20）。为了预测在不同的初始浓度下土壤对Cr(Ⅵ)的吸附率，基于Langmuir方程对因次分离因子(R_L)作进一步分析：

$$R_L = \frac{1}{(1 + bC_0)} \tag{3-25}$$

式中：C_0和b分别为Cr(Ⅵ)溶液的初始浓度(mg/L)和Langmuir吸附平衡常数。$R_L<1$表明该吸附容易进行，$R_L>1$说明该吸附不容易进行。

在本实验中，三种不同固液比实验中的R_L值范围分别为：0.063~0.571（S∶L=1∶5）、0.070~0.602（S∶L=1∶10）和0.135~0.758（S∶L=1∶20）。三者均$R_L<1$，表明在不同初始浓度和不同固液比情况下，土壤对Cr(Ⅵ)的吸附均为高亲和吸附，且化学吸附占主导作用。

3.4.5.2　Freundlich **方程**

Freundlich方程是由经验推导出的，它表示随覆盖度增加，吸附能量呈对数减小。该方程的适用范围比Langmuir方程更广，但不能给出最大吸附量；同时，该方程认为随着浓度的增加，吸附量会无限地升高，这与实际结果是不相符的。Freundlich方程式如下：

$$q_e = K_d C_e^{1/n} \tag{3-26}$$

式中：q_e、C_e、K_d和n分别为单位质量吸附剂吸附的吸附质的量(mg/g)、吸附平衡时溶液中的吸附质浓度(mg/L)、Freundlich吸附分配常数和Freundlich吸附强度常数。上式线性化后可表示如下：

$$\lg q_e = \lg K_d + \frac{1}{n}\lg C_e \tag{3-27}$$

可见，$\lg q_e$和$\lg C_e$为线性关系，将两者分别作为纵、横坐标作图，由直线的截距与斜率可求得常数n和K_d的值。$1/n$越小，吸附性能越好。一般认为，当$0.1<1/n<0.5$时，容易吸附；当$1/n>2$时，难于吸附。

依据线性化方程式(3-27)，对实验测定的Cr(Ⅵ)溶液在不同初始浓度下的平衡吸附量q_e与平衡浓度C_e按上述方法进行处理，得到试供土壤吸附Cr(Ⅵ)的Freundlich等温吸附线，如图3-9所示。同时，根据Freundlich等温吸附线求得相应的模型参数，其结果如表3-5所示。

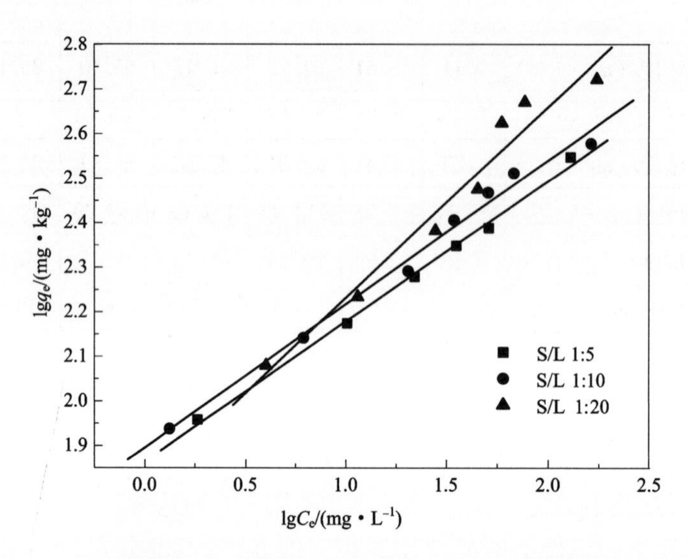

图3-9 不同固液比下土壤对Cr(Ⅵ)的Freundlich等温吸附线(25℃)

对比图3-8和图3-9，且由表3-5可知，本实验的结果更符合Freundlich等温吸附模型，其最大相关系数R^2为0.996。$1/n$的值较大，表明吸附结合力更弱，这是因为q_e会随着C_e的微小改变而发生较大的改变。通常，$1/n<1$表明溶质在土壤中有良好的等温吸附特性。K_d的值可以用于许多方面的研究，例如可以用来计算污染物在土壤多孔介质中迁移的迟滞因子R_d($R_d=1+\rho_b\times K_d/\eta_e$，$\rho_b$和$\eta_e$分别为土壤的干容重和土壤介质的孔隙率)。对表3-5中的K_d和$1/n$的数值进行分析可知，供试土壤对Cr(Ⅵ)的吸附能力比较弱。

综上所述，实验结果与Langmuir和Freundlich均符合，但与Langmuir等温吸附模型相比，供试土壤对Cr(Ⅵ)的吸附更好地与Freundlich等温吸附模型相拟合。

3.4.6 不同温度下等温吸附特性

从表3-6中可看出Cr(Ⅵ)的土壤吸附量随Cr(Ⅵ)溶液初始浓度的增大而增大，且温度越高，单位质量土壤对Cr(Ⅵ)的吸附量越大。对平衡浓度与吸附量作图，得到供试土壤在三种不同温度下(15℃、25℃、35℃)对Cr(Ⅵ)的吸附等温线，如图3-10所示。

表3-6　不同温度下土壤对Cr(Ⅵ)的等温吸附特性(pH=12.0)

温度	初始浓度/(mg·L⁻¹)	10	20	40	60	80	100	200
15℃	平衡浓度/(mg·L⁻¹)	7.11	13.51	31.23	46.15	65.50	85.13	184.98
	吸附量/(mg·kg⁻¹)	28.89	64.87	87.68	138.53	145.04	148.73	150.14
25℃	平衡浓度/(mg·L⁻¹)	4.83	11.41	28.01	42.80	61.13	81.19	181.64
	吸附量/(mg·kg⁻¹)	51.69	85.88	119.92	172.03	188.70	188.14	183.62
35℃	平衡浓度/(mg·L⁻¹)	3.63	10.08	27.04	41.13	59.13	78.92	172.11
	吸附量/(mg·kg⁻¹)	63.66	99.15	129.58	188.73	208.73	210.70	278.87

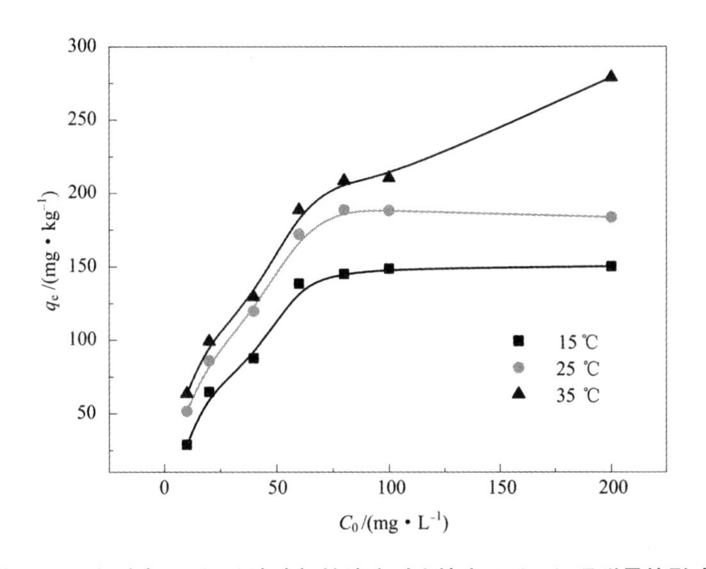

图3-10　温度与Cr(Ⅵ)溶液初始浓度对土壤中Cr(Ⅵ)吸附量的影响

依据式(3-27)和表3-6，分别以 C_e 和 C_e/q_e 为横、纵坐标作图，得到试供土壤对Cr(Ⅵ)的Langmuir等温吸附线，如图3-11所示，由直线的截距及斜率求得 q_{max} 和 b，结果如表3-7所示。同理，依据式(3-10)和实验结果作图，得到土壤对Cr(Ⅵ)的Freundlich等温吸附线(图3-12)和相关参数。

对比图3-11和图3-12，且由表3-7可知，虽然实验结果表明对Langmuir等温吸附模型和Freundlich等温吸附模型在一定程度上都符合，但是在两种吸附

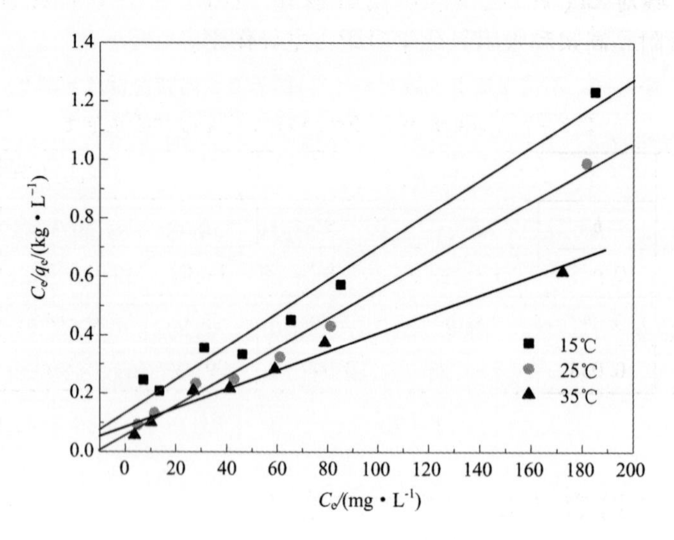

图 3－11　不同温度下土壤对 Cr(Ⅵ)的 Langmuir 等温吸附线

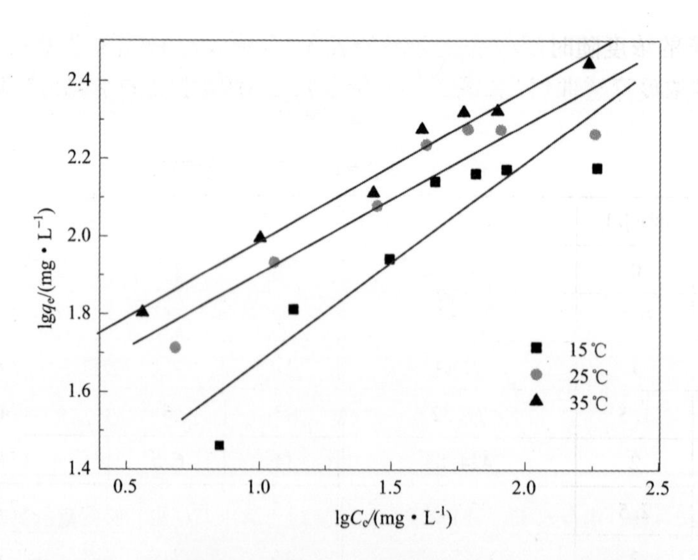

图 3－12　不同温度下土壤对 Cr(Ⅵ)的 Freundlich 等温吸附线

模型中，本实验的 Cr(Ⅵ)－土壤吸附系统更符合 Langmuir 等温吸附模型，在 25℃时其最大相关系数 R^2 为 0.990，供试土壤对 Cr(Ⅵ)的饱和吸附量为 200.40 mg/kg；在初始 Cr(Ⅵ)浓度为 10 mg/L 时，R_L 值为 0.535，当初始浓度为 200 mg/L 时，R_L 值为 0.054，即 R_L 值为 0.054～0.535。这说明在 pH＝12.0 时，虽然供试土壤对 Cr(Ⅵ)的饱和吸附量很低，但 R_L 值小于 1 表明供试土壤对 Cr(Ⅵ)的吸附是高亲和吸附且化学吸附占主导作用。

表 3 - 7　Langmuir 和 Freundlich 等温吸附模型参数

温度	Langmuir 常数			Freundlich 常数		
	b	q_{max}	R^2	K_d	$1/n$	R^2
15℃	0.043	175.44	0.975	14.60	0.513	0.845
25℃	0.087	200.40	0.990	33.13	0.384	0.882
35℃	0.038	310.56	0.977	39.39	0.391	0.980

3.5　Cr(Ⅵ)在土壤中的迁移规律

3.5.1　氯离子穿透迁移规律

氯离子的浓度随时间的变化情况如表 3 - 8 所示。根据实验数据，绘制氯离子(Cl^-)的浓度穿透曲线(如图 3 - 13 所示)，以确定土壤的水动力弥散系数。

表 3 - 8　Cl^-的浓度随时间的变化情况表

水样号	时间/h	Cl^-浓度/(mg·L^{-1})	水样号	时间/h	Cl^-浓度/(mg·L^{-1})
1	0	3.71	10	4.5	1732.58
2	0.5	3.80	11	5	1717.41
3	1	5.64	12	5.5	1756.05
4	1.5	77.52	13	6	1743.32
5	2	424.83	14	6.5	1748.45
6	2.5	957.33	15	7	1747.63
7	3	1395.72	16	7.5	1759.32
8	3.5	1651.14	17	8	1763.31
9	4	1711.98			

分别以时间 t 和 C_t/C_0 为横、纵坐标可作出氯离子(Cl^-)的浓度穿透曲线。其中，C_t 为取样口水样的 Cl^-浓度，C_0 为注入土柱中 Cl^-的浓度，即1775 mg/L。

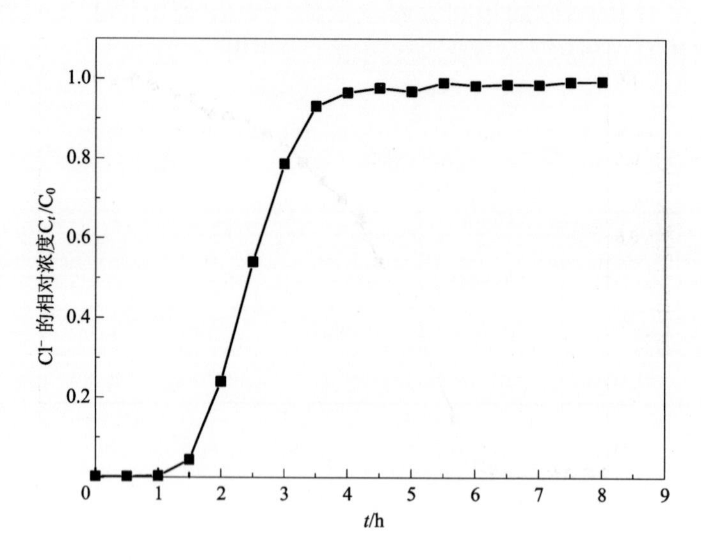

图 3-13 氯离子(Cl^-)的浓度穿透曲线

氯离子的浓度穿透曲线如图 3-13 所示。由图可知，在持续注入 Cl^-溶液 1 h 后，在土柱底部检测有 Cl^-流出；1.5 h 后，出流液 Cl^-浓度明显增大，曲线趋陡；5.5 h 后，Cl^-基本穿透土柱，出流液中 Cl^-浓度达到入流液浓度的 99%，曲线平缓且基本为水平直线。

3.5.2 Cr(Ⅵ)穿透迁移规律

与 Cl^-浓度穿透实验相似，根据出流口水样中 Cr(Ⅵ)的浓度随时间变化的实验数据，绘制 Cr(Ⅵ)的浓度穿透曲线如图 3-14 所示。从图中可以看出，在持续注入 Cr(Ⅵ)溶液(pH11.8，浓度 100mg/L)5.5 h 之后，在土柱底部出流口检测有 Cr(Ⅵ)流出；注入 7 h 左右时，出流口处 Cr(Ⅵ)浓度开始逐渐增大，曲线呈明显上升趋势；在注入 25 h 后，曲线逐渐平缓，且出流浓度已达到入流浓度的 99.5% 以上，因此可以认为 Cr(Ⅵ)已经完全穿透土柱。

另外，根据以上实验，将氯离子和 Cr(Ⅵ)的浓度穿透曲线进行对比，如图 3-15所示。由图可知，在相同的土柱中，Cr(Ⅵ)在土壤中的穿透速度比氯离子慢，且时间长，Cr(Ⅵ)完全穿透土柱的时间约为氯离子的 5 倍。另外，Cr(Ⅵ)的穿透曲线与氯离子的相比要向右偏移，这说明 Cr(Ⅵ)在土壤中迁移时有明显的迟滞现象。因此，这说明 Cr(Ⅵ)在供试土壤中发生了化学作用，这些化学作用可能包括离子交换、氧化还原、沉淀溶解和吸附解吸等。

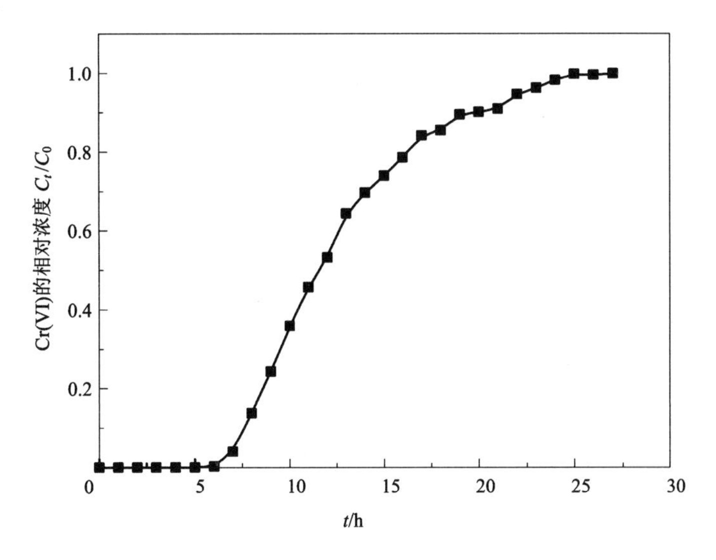

图3-14　Cr(Ⅵ)的浓度穿透曲线

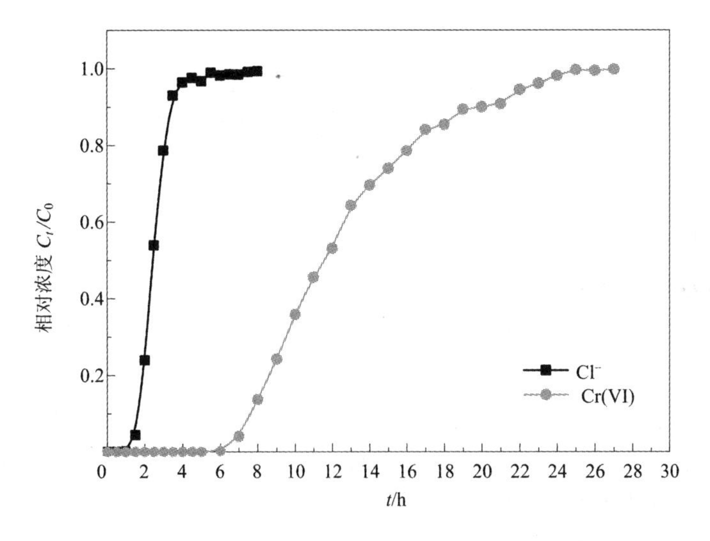

图3-15　氯离子(Cl^-)和Cr(Ⅵ)穿透曲线对比图

3.5.3　土壤红外光谱分析

为了分析土柱动态模拟Cr(Ⅵ)溶液淋溶前后土壤结构的变化，本实验用Thermo Electron傅立叶红外光谱仪对淋溶后的土壤样品进行红外光谱分析，分析结果如图3-16所示。由图可知，被Cr(Ⅵ)溶液(pH=11.8)淋溶前后土壤样品的主要光谱特征基本相同。在 pH = 11.8 的强碱性条件下，土壤对 Cr(Ⅵ)的吸附非常少。在高岭石羟基波段的振动主要发生在 3698 cm^{-1} 和 3620 cm^{-1} 处。淋溶前后土壤的红外光谱在这一波段的峰强发生较明显变化，表明含氧阴离子可能在黏土矿物界面被吸附。而水分子不稳定，可被无机阴离子交换。另外在黏土矿物界面上有单独的羟基官能团，它们可以和 Al^{3+} 配合形成 β－苯酚二磺酸铝官能团，在 Cr(Ⅵ)溶液淋溶的土壤样品的红外光谱中，β－苯酚二磺酸铝官能团的特征峰(694 cm^{-1})出现了下降，这是因为该官能团会离解和结合质子，所以很明显，这些官能团影响并干预了土壤对 Cr(Ⅵ)含氧阴离子的吸附过程。

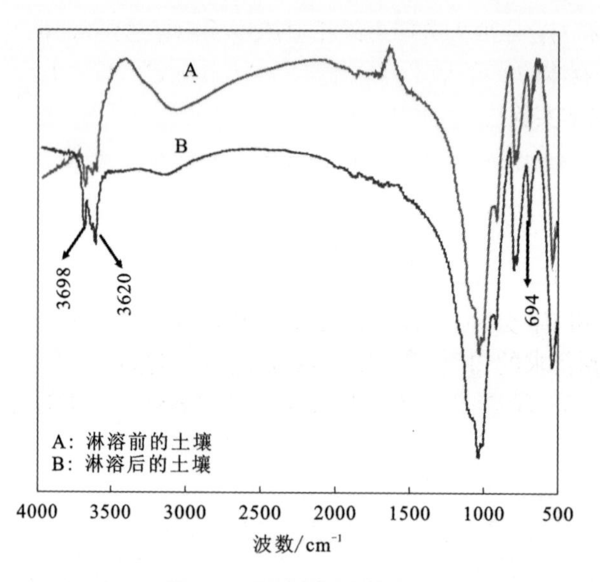

图 3－16 红外光谱分析

3.5.4 水动力参数

根据供试土壤的颗粒分析(美制)和干容重测量结果，利用 HYDRUS 提供的神经网络预测功能，获得土壤水动力参数，如表 3－9 所示。

表 3－9 土壤水分运动参数表

θ_r 残留体积含水量 /($cm^3 \cdot cm^{-3}$)	θ_s 饱和体积含水量 /($cm^3 \cdot cm^{-3}$)	a 土壤水分特征参数/(cm^{-1})	n 土壤水分特征指数	K_s 饱和水力传导度 /($cm \cdot d^{-1}$)
0.0845	0.3926	0.0295	1.1646	8.64

3.5.5　水弥散系数

弥散系数一般通过试验确定，其与土壤的特性有关。在利用土柱动态吸附模拟试验测定铬渣淋溶液中 Cr(Ⅵ)的运移规律的同时，采用投加非吸附性、穿透能力强的保守性氯离子(Cl^-)为示踪剂的方法来测定该黏土的水动力弥散系数。

确定性模型控制方程中的弥散系数张量 D 由求解饱和土壤纵向弥散系数近似解的“三点公式”得到：

$$D=\frac{v^2}{8t_{0.5}}(t_{0.84}-t_{0.16})^2 \tag{3-28}$$

式中：$t_{0.16}$、$t_{0.5}$和 $t_{0.84}$分别为取样点的相对浓度 C_t/C_0 达到 0.16、0.5 和 0.84 的时间；v 为土柱中液体的实际流速，可由式 $v=L/t_{0.5}$确定，其中 L 为取样口到土柱起始端的距离，在本实验中 $L=150$ mm。

$t_{0.16}$、$t_{0.5}$和 $t_{0.84}$的值可通过内插法由氯离子相对浓度相邻上、下两点的时间值获得：

$$t_{中}=t_{上}+\frac{C_{中}-C_{上}}{C_{下}-C_{上}}(t_{下}-t_{上}) \tag{3-29}$$

式中：$C_{中}$、$C_{上}$ 和 $C_{下}$ 分别为待求的、及其上相邻和下相邻的相对浓度值；$t_{中}$，$t_{上}$ 和 $t_{下}$分别为达到待求的和上、下相邻相对浓度值的时间。

通过以上两式，结合表 3 - 9 和图 3 - 15 的研究结果，计算出弥散系数 D，如表 3 - 10 所示。

表 3 - 10　弥散系数 D 求解

孔隙水流速度 v/(cm · min^{-1})	$t_{0.16}$/min	$t_{0.5}$/min	$t_{0.84}$/min	弥散系数 D /(cm^2 · min^{-1})
0.1027	107.82	146.04	191.22	0.0628

纵向弥散度 α_L 可以用下式计算：

$$\alpha_L=\frac{D}{v}=\frac{0.0628}{0.1027}(\mathrm{cm})=0.6115(\mathrm{cm})$$

纵向弥散度 α_L 与横向弥散度 α_T 之比通常介于 1 和 24 之间，因此，横向弥散度一般可以由下式来确定：

$$\alpha_T=\frac{\alpha_L}{5}=\frac{0.6115}{5}(\mathrm{cm})=0.1223(\mathrm{cm})$$

垂向弥散度 α_V 一般由下式确定：

$$\alpha_V=\frac{\alpha_L}{50}=\frac{0.6115}{50}(\mathrm{cm})=0.01223(\mathrm{cm})$$

3.5.6　吸附分配系数和迟滞因子

为了描述Cr(Ⅵ)被土壤吸附，则必须通过实验确定其在特定的土壤中的吸附分配系数 K_d 及迟滞因子 R_d。吸附平衡试验得到的吸附等温线、等温吸附方程、吸附分配系数、最大吸附容量等参数并不能完全反映实际环境中污染物的运移情况。而土柱动态吸附试验与之相比则更符合实际情况，且所需费用和时间与野外现场实验相比要少得多，因而是目前测定迟滞因子 R_d 和吸附分配系数 K_d 的主要方法。

根据线性等温平衡吸附规律，利用上文土柱实验测定的Cr(Ⅵ)吸附穿透曲线，可求得吸附分配系数 K_d 和迟滞因子 R_d。

Cr(Ⅵ)的吸附分配系数 K_d 可以通过下式确定：

$$K_d = \frac{\eta_e}{\rho_b}\left(\frac{vt_{0.5}^{(Cr)}}{L} - 1\right) \tag{3-30}$$

式中：ρ_b 为土的干容重；η_e 为土壤介质的孔隙率；$t_{0.5}^{(Cr)}$ 为取样点Cr(Ⅵ)的相对浓度 C_t/C_0 达到0.5的时间，h；由Cr(Ⅵ)的吸附穿透曲线可知，当 $C_t/C_0 = 0.5$ 时，$t_{0.5}^{(Cr)} = 11.59$ h；L 为取样管到土柱起端的距离；v 为土柱中液体的实际流速，可由式 $v = L/t_{0.5}$ 确定。

将 L、ρ_b、η_e、$t_{0.5}^{(Cr)}$、v 代入式(3－30)，经计算得：

$$K_d^{(Cr)} = \frac{0.51}{1.64} \times \left(\frac{0.1027 \times 60 \times 11.59}{15} - 1\right) = 1.1696(\mathrm{cm^3/g}) \approx 1.17 \times 10^{-3}(\mathrm{m^3/kg})$$

在吸附作用能用分配系数来描述的场合，迟滞因子 R_d 可用下式确定：

$$R_d = \frac{\theta_s}{\theta} + \frac{\rho_b}{\theta}K_d \tag{3-31}$$

式中：θ_s 为土壤介质的饱和含水率，L^3/L^3；θ 为土壤介质的实际含水率，L^3/L^3；其他符号同式(3－30)。

3.6　Cr(Ⅵ)在土壤中的迁移模拟与预测

利用HYDRUS模型对铬渣堆场下土壤中Cr(Ⅵ)淋溶进行动态模拟分析，旨在揭示淋溶液的渗入与Cr(Ⅵ)迁移的动态关系，阐明土壤剖面中不同深度Cr(Ⅵ)的迁移和吸附特征，为铬渣堆场区的生态环境改善和Cr(Ⅵ)的污染治理提供科学依据。

3.6.1　保守溶质氯离子的迁移模拟

模型上边界为定流量边界，流量值为实验中的淋溶液流量，下边界设为深部排水。结合本章3.2节中的动力学控制方程，对氯离子的迁移进行了模拟，并将模拟值与实测值进行对比验证(图3-17)。由图可知，氯离子的模拟穿透速度比实测结果稍快，但总体来说，模拟值与实测值两者相差不大，且其相关系数为0.9918，可见两者具有良好的相关性，模拟效果较好。

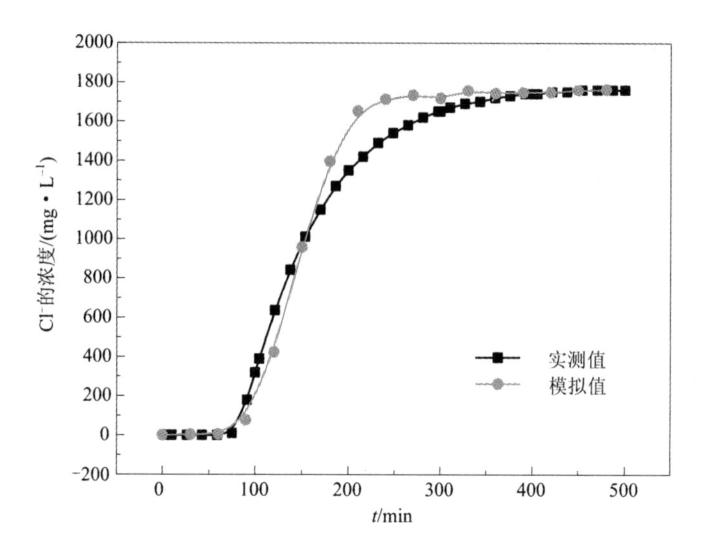

图3-17　Cl^-模拟值与实测值对比

3.6.2　Cr(Ⅵ)的迁移模拟

同理，对Cr(Ⅵ)在一维土柱中的迁移实验进行模拟，并与实测值进行对比验证，模型参数见表3-11，模拟结果见图3-18和图3-19。

比较图中模拟值与实测值可知，两者比较接近，相关系数达到0.9986，表明所建模型能够较好地对土壤中Cr(Ⅵ)的迁移进行模拟，模拟结果比较可靠，可对研究区域铬渣中Cr(Ⅵ)土壤污染提供参考依据。

表3-11　Cr(Ⅵ)迁移模拟参数

参数	L/cm	C_0/(mg·L^{-1})	θ_r/(cm^3·cm^{-3})	θ_s/(cm^3·cm^{-3})	A/(cm^{-1})	
值	15	100	0.0845	0.3926	0.0295	
参数	n	K_s/(cm·d^{-1})	ρ/(g·cm^{-3})	D/(cm^2·min^{-1})	K_d/(cm^3·g^{-1})	t/min
值	1.1646	8.64	1.64	0.0628	1.17	1500

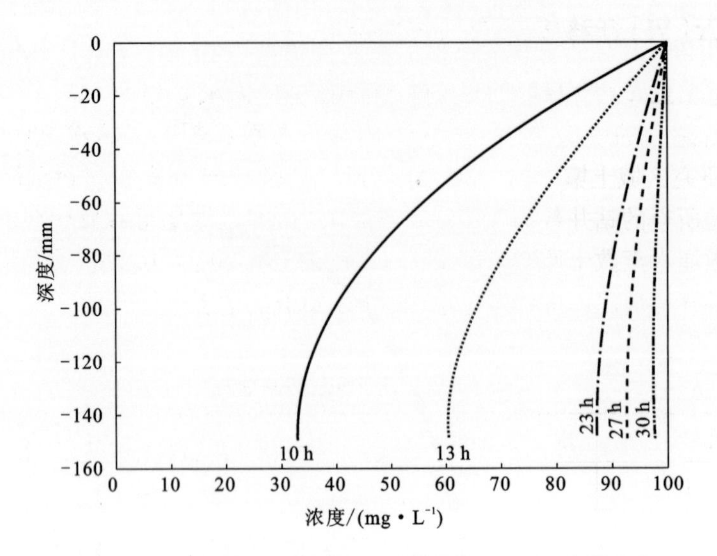

图3－18　不同时刻土壤剖面中不同深度Cr(Ⅵ)含量分布

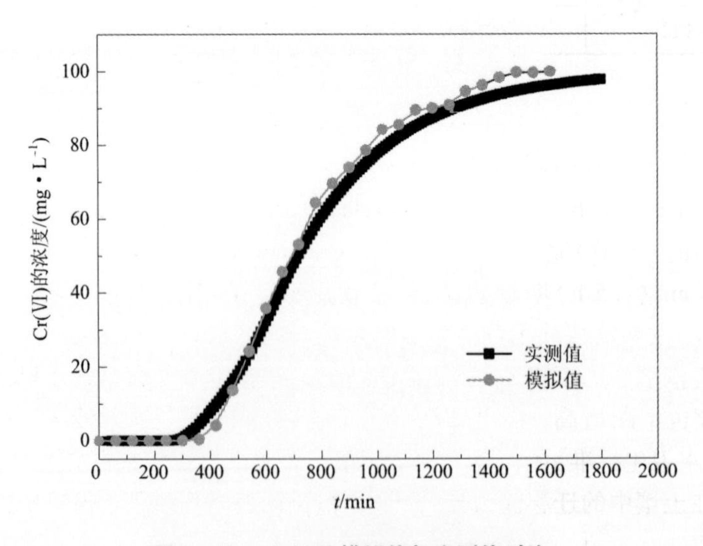

图3－19　Cr(Ⅵ)模拟值与实测值对比

3.6.3 Cr(Ⅵ)迁移模型应用与预测

根据本书第2章中铬渣酸雨淋溶释放模型的模拟结果(表2-7)，采用HYDRUS所建立的模型，利用所求得的迁移参数(表3-11)对铬渣中释放的Cr(Ⅵ)在研究区域土壤中的迁移进行模拟。根据1994年湘乡市地质局468队通过钻孔试验所得的钻井数据(表3-12)可知，研究区域地下水位埋藏较浅，一般距地表仅数厘米至数十厘米。因此，本书假设土壤厚度为0.5 m，模拟Cr(Ⅵ)渗入土壤后的迁移情况，并对其可能对地下水造成的危害进行分析。

表3-12 地下水位埋深情况

钻孔号	水位距地表距离/m	钻孔号	水位距地表距离/m
CK-118	0.200	CK-123	0.020
CK-119	0.700	CK-124	0.280
CK-120	0.090	CK-125	1.42
CK-121	0.700	CK-126	0.2
CK-122	0.500	CK-127	0.04

根据图3-20中第一年的预测结果可知，Cr(Ⅵ)在土壤中很快就已完全穿透。为了进一步考察Cr(Ⅵ)在土壤中的穿透情况，本节进一步将时间尺度扩大到一个月[图3-20(b)和(c)]。结合HYDRUS的输出文件可知(表3-13)，铬渣淋溶液中的Cr(Ⅵ)完全穿透该渣场位置50 cm厚的土壤需38770 min，即27 d。但仅需270 min(4.5 h)即有超过《生活饮用水卫生标准》(GB 5749—2006)限值(0.05 mg/L)的淋溶液从土壤底部流出并进入地下水。另外，对于其他时间段的Cr(Ⅵ)淋溶液也已列于表3-13。由表可知，随着铬渣堆存量的不断递增，其淋溶液的浓度也不断增高，截至2009年，Cr(Ⅵ)浓度已达到899.41 mg/L，超出《生活饮用水卫生标准》限值达17987多倍。可见，由于研究区域土壤厚度不大，且Cr(Ⅵ)在土壤中的迁移能力强，因而在酸雨的淋溶作用下，很容易造成地下水的严重污染。

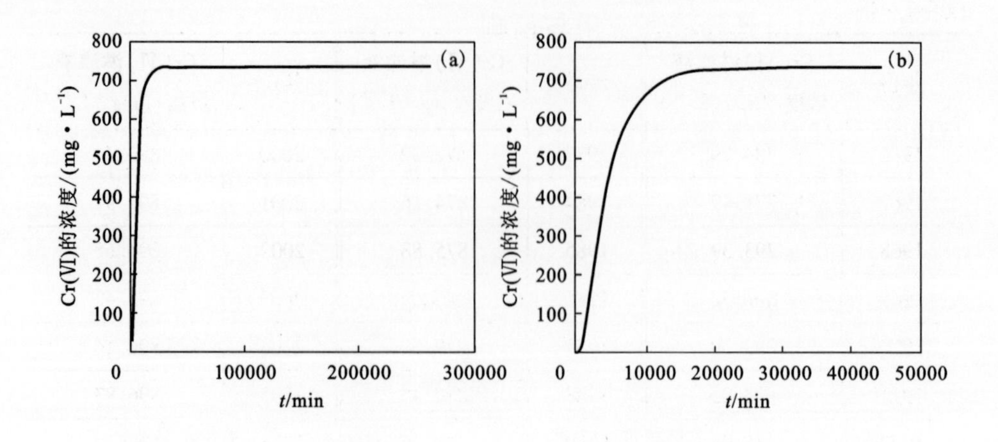

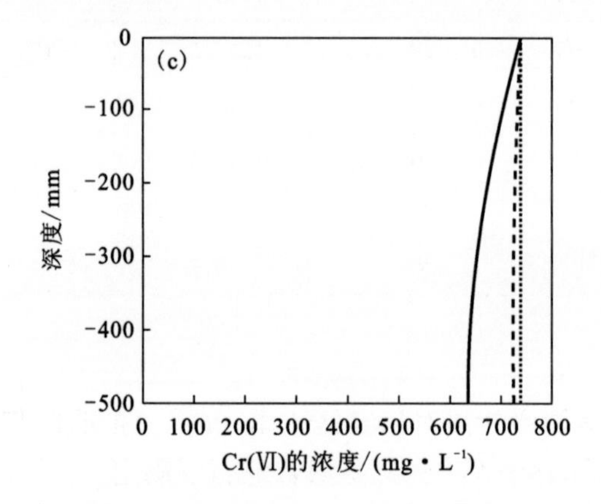

图3－20 六价铬在土壤中迁移一年(a)及一个月(b,c)预测的结果

表3－13 土壤Cr(Ⅵ)淋滤迁移预测结果

时间	Cr(Ⅵ)淋滤液浓度/(mg·L^{-1})	年份	Cr(Ⅵ)淋滤液浓度/(mg·L^{-1})	年份	Cr(Ⅵ)淋滤液浓度/(mg·L^{-1})
1 h	0.72×10^{-9}	1976	854.13	1993	886.57
2 h	0.87×10^{-5}	1977	857.53	1994	887.63
3 h	0.14×10^{-2}	1978	860.59	1995	888.64
4 h	0.22×10^{-1}	1979	863.36	1996	889.6
4.5 h	0.62×10^{-1}	1980	865.88	1997	890.53
27 d	730.01	1981	868.2	1998	891.43
1 a	734.64	1982	870.34	1999	892.28

续表3-13

年份	Cr(Ⅵ)淋滤液浓度/($mg \cdot L^{-1}$)	年份	Cr(Ⅵ)淋滤液浓度/($mg \cdot L^{-1}$)	年份	Cr(Ⅵ)淋滤液浓度/($mg \cdot L^{-1}$)
1966	734.29	1983	872.32	2000	893.11
1967	771.49	1984	874.16	2001	893.91
1968	793.39	1985	875.88	2002	894.68
1969	808.33	1986	877.5	2003	895.42
1970	819.39	1987	879.02	2004	896.14
1971	828.05	1988	880.45	2005	896.83
1972	835.08	1989	881.8	2006	897.51
1973	840.95	1990	883.08	2007	898.16
1974	845.96	1991	884.3	2008	898.79
1975	850.31	1992	885.46	2009	899.41

3.7　小结

本章通过采用等温吸持法对研究区土壤Cr(Ⅵ)的吸附特性进行研究，通过土柱淋滤法对Cr(Ⅵ)在土壤中的迁移参数进行了测定，在分析对流、弥散等水动力作用因素的前提下利用数学模型对Cr(Ⅵ)在土壤中的空间分布规律进行了模拟，在土壤中Cr(Ⅵ)迁移模型与本书第2章提出的铬渣酸雨淋溶模型相耦合的基础上，对铬渣酸雨淋溶液中Cr(Ⅵ)在土壤中的迁移及对地下水的危害进行模拟与预测。结论如下：

(1)与一级动力学吸附模型相比，Cr(Ⅵ)的动力学吸附数据更加符合拟二级动力学吸附模型。土壤对Cr(Ⅵ)的吸附是自发过程，并且是吸热反应($\Delta G^{\ominus}<0$，$\Delta H^{\ominus}>0$)。土壤吸附Cr(Ⅵ)时，固-液界面的随机无序性现象在土壤内部发生($\Delta S^{\ominus}>0$)。供试土壤对Cr(Ⅵ)的吸附更好地与Freundlich等温吸附模型相拟合。

(2)由于Cr(Ⅵ)在溶液体系中主要以酸性铬酸根($HCrO_4^-$)、铬酸根(CrO_4^{2-})和重铬酸根($Cr_2O_7^{2-}$)等阴离子的形式存在，当pH较低时，质子化作用使土壤矿质胶体正电荷量增加，因而其对阴离子的吸附量增大；而当pH较高时，OH^-的增加使土壤表面正电荷减少，不利于其对阴离子的电性吸附。因此，$3<pH<9$时，土壤对Cr(Ⅵ)的吸附量随pH的上升而下降；$9<pH<11$时，吸附量变化不明显；$11<pH<13$时，吸附量随pH的上升而急剧下降。

(3)获得了Cr(Ⅵ)在土壤中迁移的水动力参数、弥散系数、吸附分配系数和迟滞因子等。Cr(Ⅵ)完全穿透土柱的时间约为氯离子的5倍，Cr(Ⅵ)在土壤中迁移时有明显的迟滞现象。这说明Cr(Ⅵ)在供试土壤中发生了化学作用，这些化学作用可能包括吸附解吸、离子交换、沉淀溶解、氧化还原等。

(4)利用HYDRUS模型对该企业铬渣堆场下土壤中的Cr(Ⅵ)淋溶进行了动态模拟分析，模拟值与实测值很接近，相关系数达到0.9986，这表明所建模型与实际情况具有良好的相关性，模拟效果良好。通过模型应用发现，铬渣淋溶液中的Cr(Ⅵ)完全穿透该渣场位置50 cm厚的土壤需27 d。但只需4.5 h就有超过《生活饮用水卫生标准》(GB 5749—2006)限值(0.05 mg/L)的淋溶液穿过土壤进入地下水。另外，随着铬渣堆存量的不断递增，其淋溶液的浓度也不断增高，截至2009年，Cr(Ⅵ)已达到899.41 mg/L，超出《生活饮用水卫生标准》限值达17987多倍。可见，由于研究区域土壤厚度不大，且Cr(Ⅵ)在土壤中的迁移能力强，因而在酸雨的淋溶作用下，很容易造成地下水的严重污染。

(5)本章对Cr(Ⅵ)在土壤中的运移特性给出了较好的定量表达，为土壤的重金属铬污染评价、治理，以及地下水污染防治提供依据。

第4章

Cr(Ⅵ)在土壤-地下水环境中的迁移机制与模型研究

4.1　引言

水资源是重要的战略资源。我国淡水资源总量居世界第四位，达2.8万亿立方米，而人均占有量(2100立方米)仅为世界人均占有量的四分之一，属于严重缺水的国家之一。目前，全国660多个县级及县级以上城市中就有400多个缺水，110多个严重缺水，城市缺水总量多达60亿立方米。我国每年因缺水而造成的经济损失达100多亿元，因水污染造成的经济损失达400多亿元。

地下水是我国城市和工、农业用水的主要水源，全国7亿以上人口的饮用水取自于地下水源，约有2/3的城市以地下水作为主要的供水水源，约有1/4的农田靠地下水灌溉。然而，有资料表明，我国90%的城市地下水已不同程度地被有毒有害元素污染，全国1/4城市的地下饮用水源占比未达到国家标准，并有约30%人口的饮用水受到氯化物、酚、砷、铬、汞、氰、油类及细菌等的污染。我国于20世纪80年代对75个城市的地下水源调查显示，有41个城市已受到不同程度的污染。20世纪90年代的调查表明，以地下水为水源的18个城市中就有17个已受到污染。其中，河北省地下水源污染面积达391.97平方千米，太原市受污染地下水源数占比达7.2%。2000年昆明市的检测结果显示其地下水样总合格率仅57.25%。据有关部门对118个城市2至7年的连续监测资料，城市地下水基本清洁的仅有3%。另外，“中国地下水资源与环境调查”结果显示：全国253个主要城市地下水开采地段中，约25%的污染具有加重的趋势，地下水形势不容乐观，部分地区与城市由于地下水受污染而面临无清洁饮用水可供的严峻局面，造成了“水质危机”。

地下水一旦被污染将很难修复，且对生态和人类健康具有长久与深远的影响。国内外对地表水的污染与防治研究投入多、力度大，但由于隐蔽性、不可逆性、系统的复杂性和构成因素的多样性，地下水污染长期未受到应有的重视，对地下水的污染机理、污染物的迁移转化以及防治等理论与方法都还很不成熟、从而使得污染日趋加剧，问题日益突出。

本章以本书第 2、3 章的研究结果为基础，进一步对铬渣淋溶液经土壤进入地下水中的迁移机理进行了分析，并耦合第 2、3 章的迁移模型，建立 Cr(Ⅵ)在“铬渣－土壤－地下水”系统中迁移的整体模型，对 Cr(Ⅵ)的迁移过程进行模拟、对地下水的危害进行预测、并针对 Cr(Ⅵ)的地下水污染提出防治措施。

4.2 地下水污染物运移耦合动力学模型

4.2.1 地下水运动微分方程

建立污染物迁移转化数学模型，首先需要建立微分方程（控制方程，Governing Equation），包括地下水运动和污染物迁移转化两方面的控制方程。

4.2.1.1 渗流的连续性方程

在充满流体的研究域内，以 $P(x, y, z)$ 为中心取一无限小的平行六面体作为均衡单元体（图 4－1，边长分别为 Δx, Δy 和 Δz）。设流体密度为 ρ，流体沿 x、y 和 z 轴方向的渗流速度（Darcy 流速）分别为 $v_x(x, y, z)$、$v_y(x, y, z)$ 和 $v_z(x, y, z)$，流入单元体为正，则在 Δt 时间内单元体内的水均衡情况为：

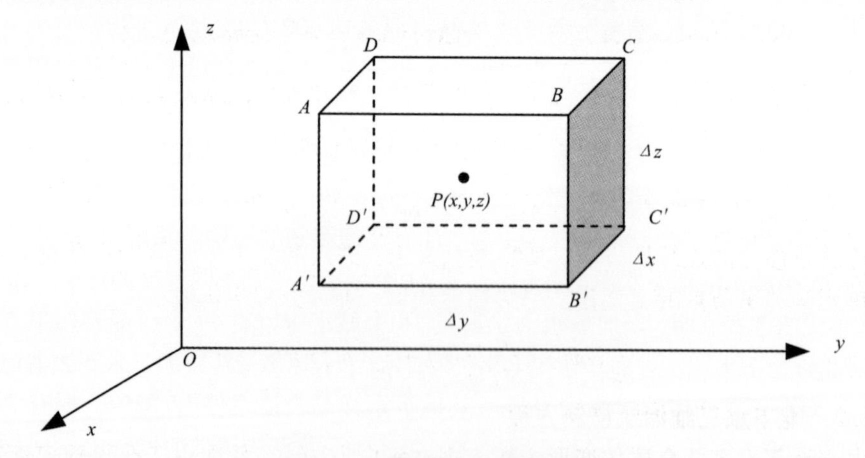

图 4－1 渗流区中的均衡单元体

在 x 方向上，用 $\rho v_x\Big|_{x+\frac{1}{2}\Delta x,\ y,\ z}$ 表示 ρ 和 v_x 在 $(x+\frac{1}{2}\Delta x, y, z)$ 位置（$ABB'A'$ 面位置）的值，则从 $ABB'A'$ 面进入单元体的水质量为：

$$M_{ABB'A'} = -\rho v_x\Big|_{x+\frac{1}{2}\Delta x,\ y,\ z}\Delta y \Delta z \Delta t$$

同时，从 $DCC'D'$ 面进入的水质量为：

$$M_{DCC'D'} = \rho v_x \Big|_{x-\frac{1}{2}\Delta x,\ y,\ z} \Delta y \Delta z \Delta t$$

因而，在 x 方向上单元体内水质量的增加量为：

$$\Delta M_x = M_{ABB'A'} + M_{DCC'D'} = -\left[\rho v_x \Big|_{x+\frac{1}{2}\Delta x,\ y,\ z} - \rho v_x \Big|_{x-\frac{1}{2}\Delta x,\ y,\ z}\right]\Delta y \Delta z \Delta t$$

$$= -\frac{\partial}{\partial x}(\rho v_x)\Delta x \Delta y \Delta z \Delta t$$

同理，在 y 和 z 方向上的水质量增量分别为：

$$\Delta M_y = -\frac{\partial}{\partial y}(\rho v_y)\Delta x \Delta y \Delta z \Delta t$$

$$\Delta M_z = -\frac{\partial}{\partial z}(\rho v_z)\Delta x \Delta y \Delta z \Delta t$$

因此，单元体内总的水质量增量为：

$$\Delta M = \Delta M_x + \Delta M_y + \Delta M_z = -\left[\frac{\partial}{\partial x}(\rho v_x) + \frac{\partial}{\partial y}(\rho v_y) + \frac{\partial}{\partial z}(\rho v_z)\right]\Delta x \Delta y \Delta z \Delta t$$

另外，设单元体的空隙度为 n，则单元体内水所占体积为 $n\Delta x\Delta y\Delta z$，相应的质量为 $\rho n\Delta x\Delta y\Delta z$。因而，单元体内的水质量在 Δt 时间内的变化量为：

$$\Delta M' = (\rho n \Delta x \Delta y \Delta z)\Big|_{t+\Delta t} - (\rho n \Delta x \Delta y \Delta z)\Big|_{t} = \frac{\partial}{\partial t}(\rho n \Delta x \Delta y \Delta z)\Delta t$$

根据质量守恒定律，由流入和流出引起的均衡单元体内水质量的变化差值应该与单元体内部水的贮存质量变化相等，因而有 $\Delta M = \Delta M'$，即：

$$\frac{\partial}{\partial t}(\rho n \Delta x \Delta y \Delta z) = -\left[\frac{\partial}{\partial x}(\rho v_x) + \frac{\partial}{\partial y}(\rho v_y) + \frac{\partial}{\partial z}(\rho v_z)\right]\Delta x \Delta y \Delta z \tag{4-1}$$

这就是渗流的连续性方程，其物理意义为：进入和流出单元体的水质量之差等于单元体内水质量的变化量。当为稳定流时，连续方程简化为：

$$\frac{\partial}{\partial x}(\rho v_x) + \frac{\partial}{\partial y}(\rho v_y) + \frac{\partial}{\partial z}(\rho v_z) = 0$$

4.2.1.2　地下水三维渗流控制方程

由于地下水多孔介质的变形主要表现在垂向方向上，侧向由于受到约束而变形很小，可以忽略，即：

$$\frac{\partial \Delta z}{\partial t} \neq 0, \quad \frac{\partial}{\partial t}(\Delta x \Delta y) = 0$$

另外，由于水密度 ρ 的空间变化很小，故也可以忽略，因而式(4-1)简化为：

$$\frac{\partial}{\partial t}(\rho n \Delta z) = -\left[\frac{\partial v_x}{\partial x} + \frac{\partial v_y}{\partial y} + \frac{\partial v_z}{\partial z}\right]\rho \Delta z \tag{4-2}$$

当坐标轴方向与渗流的主方向一致时，渗流的 Darcy 定律如下式所示：

$$v_x = -K_{xx}\frac{\partial H}{\partial x}$$
$$v_y = -K_{yy}\frac{\partial H}{\partial y} \tag{4-3}$$
$$v_z = -K_{zz}\frac{\partial H}{\partial z}$$

式中：H 为水头(L)。

另外，考虑流体和多孔介质的压缩性和贮水率 $S_s(L^{-1})$，得到地下水运动的三维微分方程为：

$$S_s\frac{\partial H}{\partial t} = \frac{\partial}{\partial x}\left(K_{xx}\frac{\partial H}{\partial x}\right) + \frac{\partial}{\partial y}\left(K_{yy}\frac{\partial H}{\partial y}\right) + \frac{\partial}{\partial z}\left(K_{zz}\frac{\partial H}{\partial z}\right) \tag{4-4}$$

上式方程右端是单位时间内流入与流出水体积的差。当研究域中有源汇存在时，三维水运动控制方程变为：

$$S_s\frac{\partial H}{\partial t} = \frac{\partial}{\partial x}\left(K_{xx}\frac{\partial H}{\partial x}\right) + \frac{\partial}{\partial y}\left(K_{yy}\frac{\partial H}{\partial y}\right) + \frac{\partial}{\partial z}\left(K_{zz}\frac{\partial H}{\partial z}\right) + W \tag{4-5}$$

式中：W 为单位时间单位体积介质得到的汇源水体积(T^{-1})，研究域得到水时取正，失去水时取负。

当为稳定渗流时，地下水运动不随时间变化而变化，即 $\frac{\partial H}{\partial t}=0$，因而三维稳定流微分方程为：

$$\frac{\partial}{\partial x}\left(K_{xx}\frac{\partial H}{\partial x}\right) + \frac{\partial}{\partial y}\left(K_{yy}\frac{\partial H}{\partial y}\right) + \frac{\partial}{\partial z}\left(K_{zz}\frac{\partial H}{\partial z}\right) + W = 0 \tag{4-6}$$

4.2.2 污染物迁移转化控制方程

与地下水运动微分方程推导相似，同样基于质量守恒定律，在研究域中取一无限小的平等六面体作为均衡单元体进行分析。与地下水运动不同，单元体内污染物质量的增加来自三个方面：弥散作用、对流作用以及源汇作用。另外，对于污染物迁移而言，介质变形的影响很小，可以忽略。最后结合 Fick 定律，可得污染物迁移的控制方程：

$$n\frac{\partial C}{\partial t} = \frac{\partial}{\partial x}\left(nD_{xx}\frac{\partial C}{\partial x} + nD_{xy}\frac{\partial C}{\partial y} + nD_{xz}\frac{\partial C}{\partial z}\right) + \frac{\partial}{\partial y}\left(nD_{yx}\frac{\partial C}{\partial x} + nD_{yy}\frac{\partial C}{\partial y} + nD_{yz}\frac{\partial C}{\partial z}\right) +$$
$$\frac{\partial}{\partial z}\left(nD_{zx}\frac{\partial C}{\partial x} + nD_{zy}\frac{\partial C}{\partial y} + nD_{zz}\frac{\partial C}{\partial z}\right) - nu_x\frac{\partial C}{\partial x} - nu_y\frac{\partial C}{\partial y} - nu_z\frac{\partial C}{\partial z} + I \tag{4-7}$$

式中：C 为污染物浓度(M/L^3)；D_{xx}、D_{xy}、D_{xz}、D_{yx}、D_{yy}、D_{yz}、D_{zx}、D_{zy}、D_{zz}为水动力弥散系数张量 D 的坐标分量(L^2/T)；u_x、u_y、u_z 为地下水运动实际速度(L/T)，由地下水流模型确定；I 为源汇项[$M/(L^3 \cdot T)$]，定义为单位时间内单位体积中

多孔介质得到的污染物质量；n 为空隙度。

当研究域中含有开采/注水、吸附/解吸、化学/生物反应等源汇作用时，将源汇项

$$WC_w - \rho_b \frac{\partial C_s}{\partial t} + nf(C) + \rho_b f_s(C_s) + I$$

代入上式，可得到地下水中污染物迁移转化控制方程的一般形式：

$$n\frac{\partial C}{\partial t} = \frac{\partial}{\partial x}\left(nD_{xx}\frac{\partial C}{\partial x} + nD_{xy}\frac{\partial C}{\partial y} + nD_{xz}\frac{\partial C}{\partial z}\right) + \frac{\partial}{\partial y}\left(nD_{yx}\frac{\partial C}{\partial x} + nD_{yy}\frac{\partial C}{\partial y} + nD_{yz}\frac{\partial C}{\partial z}\right) + \frac{\partial}{\partial z}\left(nD_{zx}\frac{\partial C}{\partial x} + nD_{zy}\frac{\partial C}{\partial y} + nD_{zz}\frac{\partial C}{\partial z}\right) - nu_x\frac{\partial C}{\partial x} - nu_y\frac{\partial C}{\partial y} - nu_z\frac{\partial C}{\partial z} + WC_w - \rho_b\frac{\partial C_s}{\partial t} + nf(C) + \rho_b f_s(C_s) + I \tag{4-8}$$

式中：C_s 为污染物在固相中的浓度(M/M)；R_d 为滞留因子；ρ_b 为多孔介质的密度(M/L^3)；W 为流入或流出研究域的水强度(T^{-1})，即单位时间和单位体积内多孔介质得到的水体积；C_w 为 W 的浓度(M/L^3)，在补给问题中为补给水所含污染物浓度，在开采问题中其值与 C 相同；$f(C)$为反应速率[$M/(L^3 \cdot T)$]，表示因液相化学反应在单位时间单位体积的液体中得到的污染物的质量；$f_s(C_s)$为固相反应速率[$M/(L^3 \cdot T)$]，表示因固相化学生物反应而在单位时间内单位体积的多孔介质的固体骨架中释放到液相的污染物质量；I 表示其他源汇项[$M/(L^3 \cdot T)$]。

在现实情况中，污染物迁移微分方程是非线性的。由于浓度的变化可能会使流体的密度和黏度均发生变化，因而水运动方程和污染物迁移微分方程是相互依存的。但在地下水研究中，由于这种变化在很多情况下并不大，因而在模型中可以进行简化并忽略。从而，可以认为地下水的运动速率独立于污染物的浓度，两者可以分开求解。因而在研究中首先求解地下水运动方程，确定地下水流速场分布，然后再求解污染物迁移微分方程以确定污染物的浓度分布。

在求解过程中，由于多孔介质的渗透系数、污染物的穿透曲线、吸附分配系数和迟滞因子等都是非常关键和重要的迁移参数或特征，因而在以下的章节中将针对 Cr(Ⅵ)进行详细说明。

4.3 材料与方法

4.3.1 试验装置

在收集大量国内外资料和调研的基础上，自行设计了一套能够保证在恒水位条件下动态模拟地下水污染物迁移的试验装置(图4-2)。

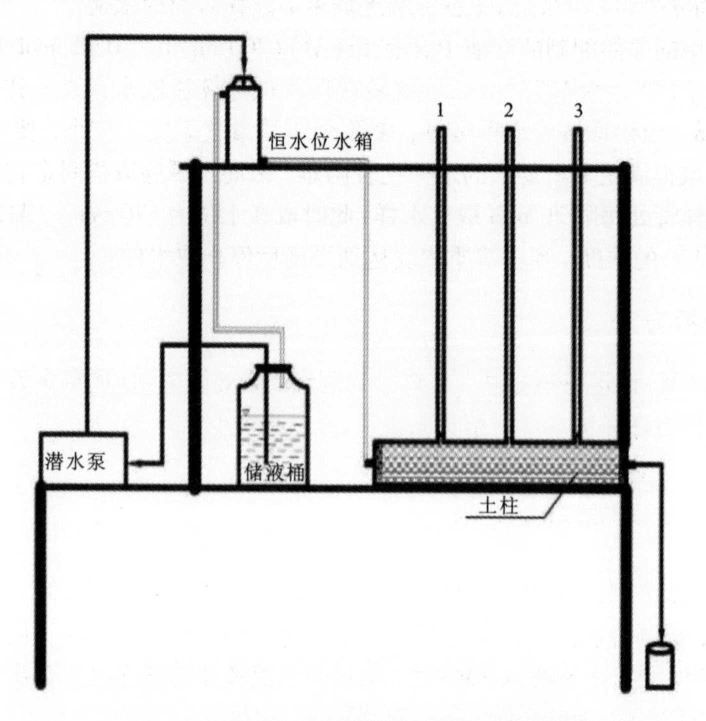

图4－2　地下水污染物迁移实验装置示意图

该实验装置主要由有机玻璃柱、潜水泵、储液桶、恒水位水箱、水位继电器、支架、取样管、导管、阀门等组成。土柱横向放置，有效长度为700 mm，横截面内径为110 mm，内横截面积为95 cm^2。设图4－2中1、2、3点三个取样孔于距土柱起端200 mm、400 mm和600 mm处，终端设一出水孔，各出水孔均用橡胶塞堵住。另外，为便于取样，用乳胶管连接各出水孔。

4.3.2　试验步骤

土壤在实验室里自然风干，先过4目的筛子去除较大的砂砾和杂物后，然后过8目的筛子去掉细小的易堵塞柱子的土样，取4目与8目之间的土壤样品分层捣实装入土柱中，控制其干容重为1.64 g/cm^3，使其尽量接近地下潜水区的原状土。

4.3.2.1　渗透实验

用蠕动泵将储液桶内蒸馏水送至恒水位水箱内，控制恒水位于距土柱中心垂直高度810 mm处。为使土壤中的离子淋失，并使其与土水相达到平衡，用蒸馏水对土柱进行长时间淋洗。当1、2、3取样管中的水位保持不变时，土柱达到饱和状态，待终端出水口处水流稳定时记录数据。

4.3.2.2　氯离子和Cr(Ⅵ)离子在饱和土壤中的迁移规律的试验

实验所用的原始配制的溶液中含有Cr(Ⅵ)(200 mg/L)、0.05 mol/L的NaCl溶液即氯离子(Cl^-)为1775 mg/L。试验在恒水位连续流饱水条件下进行，恒水位为810 mm。由渗透试验结果可知，多孔介质的渗透系数比较小，要同时在1、2、3取样口取得满足分析要求的水样比较困难，因而本试验取样固定在1取样管处。在1取样管处每隔30 min取出水样(此时取样水位为570 mm)，测定Cr(Ⅵ)和氯离子(Cl^-)的浓度，当各溶质浓度达到平衡后停止取水样。

4.3.3　分析方法

溶液Cr(Ⅵ)浓度分析方法、氯离子的测定、溶液体系pH的测定及傅立叶红外光谱分析等方法详见本书中第3.3.4节。

4.4　氯离子穿透迁移规律

氯离子在地下水中的穿透曲线如图4－3所示。从图中可以看出，在持续注入7.5 h后，检测有氯离子从土柱底部流出；注入10 h以后，出流浓度开始逐渐增大，曲线变得陡峭；在注入30 h后，氯离子已经基本穿透土柱，其出流浓度达到入流浓度的99%，曲线平缓，呈一直线。

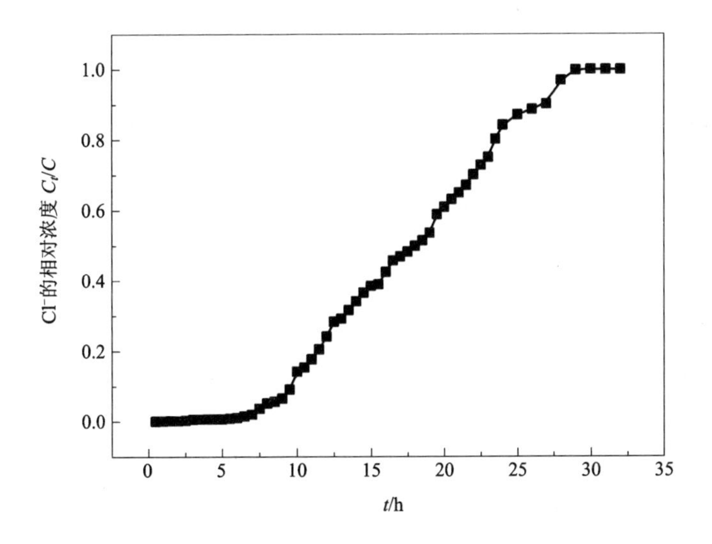

图4－3　氯离子(Cl^-)在地下水中的浓度穿透曲线

4.5 Cr(Ⅵ)穿透迁移规律

Cr(Ⅵ)在地下水中的穿透曲线如图4－4所示。从图中可以看出，在持续注入20 h后，检测有Cr(Ⅵ)从土柱底部流出；注入48 h左右，出流浓度开始逐渐增大，曲线开始向上翘起；在注入153 h后，曲线变得平缓，其出流浓度达到入流浓度的99.5%以上，可以认为Cr(Ⅵ)已经基本穿透土柱。

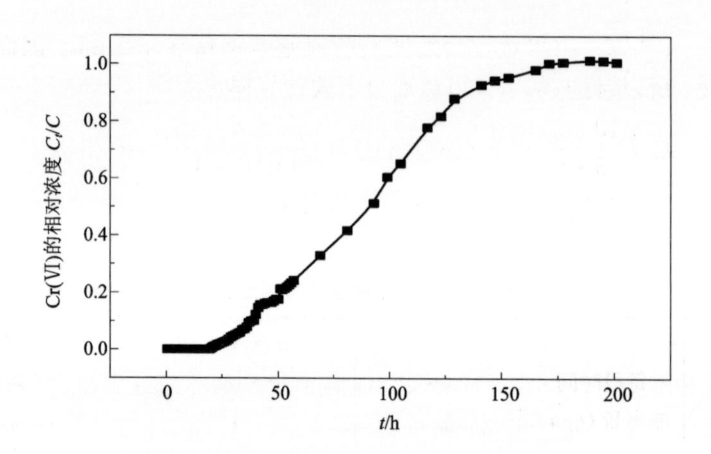

图4－4 Cr(Ⅵ)在地下水中的浓度穿透曲线

根据氯离子和Cr(Ⅵ)两者的实验数据，绘制了氯离子和Cr(Ⅵ)穿透曲线的对比图(图4－5)。

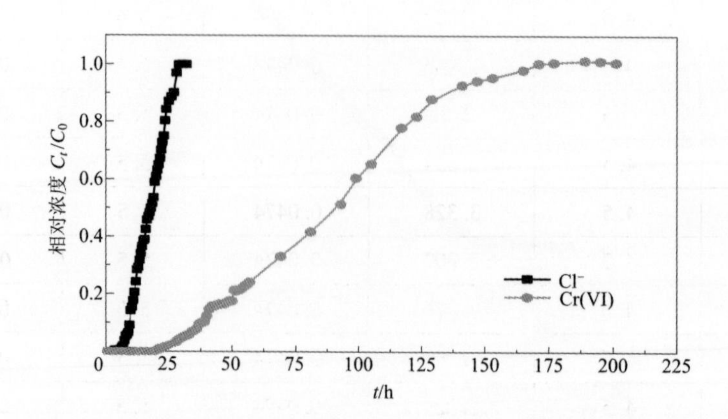

图4－5 氯离子(Cl^-)和Cr(Ⅵ)在地下水中的穿透曲线对比图

4.6　渗透系数的计算与分析

当1、2、3取样管中的水位保持不变时，土柱达到饱和状态，终端出水口处水流稳定。此时，终端出水口处每隔 $t_i=10$ min 的流出水量 $Q_i \approx 4.5$ mL。取样管1和3中水位分别上升至距土柱中心565 mm和130 mm处，1、3取样管之间水平距离为 $\Delta L=600-200=400$ mm，垂直距离为 $\Delta H=565-130=435$ mm，试验数据见表4－1。

由表4－1可知，出水量在后续实验阶段基本保持在4.5 mL，因而可视为稳定渗透阶段，所以渗透系数 K_t 可以通过下式计算得出：

$$K_{t_i}=\frac{10\cdot Q_i}{S\cdot t_i}\times\frac{l}{\Delta H}(\text{mm/min})=\frac{10\times 4.5}{95\times 10}\times\frac{400}{435}(\text{mm/min})$$
$$=0.044\ \text{mm/min}=63.36\ \text{mm/d}$$

表4－1　土壤渗透试验测定记录

渗透时间/min	每段时间渗出量 Q_i/mL	单位面积渗出总量/mm	渗透速度 $V=\frac{10\cdot Q_i}{S\cdot t_i}$ /(mm·min^{-1})	温度 T_i/℃	渗透系数 K_{t_i} /(mm·min^{-1})
0	0	0	0	5.3	0
10	4.6	0.484	0.0484	5.3	0.045
20	4.5	0.958	0.0474	5.4	0.044
30	4.5	1.432	0.0474	5.4	0.044
40	4.5	1.906	0.0474	5.4	0.044
50	4.5	2.38	0.0474	5.5	0.044
60	4.5	2.854	0.0474	5.5	0.044
70	4.5	3.328	0.0474	5.5	0.044
80	4.5	3.802	0.0474	5.5	0.044
90	4.5	4.276	0.0474	5.5	0.044
100	4.5	4.75	0.0474	5.5	0.044
110	4.5	5.224	0.0474	5.5	0.044
120	4.5	5.698	0.0474	5.5	0.044

4.7　吸附分配系数和迟滞因子

由于Cr(Ⅵ)被土壤吸附，则必须通过试验确定其在特定的土壤中的吸附分配系数K_d及迟滞因子R_d。用土柱动态吸附试验测定上述参数比平衡吸附试验更能反映其实际运移情况，且所需费用和时间均比较少，是目前测定迟滞因子R_d和吸附分配系数K_d的主要方法。

根据线性等温平衡吸附规律，利用已测得的Cr(Ⅵ)吸附穿透曲线，可求得地下水中Cr(Ⅵ)的吸附分配系数K_d和迟滞因子R_d。

Cr(Ⅵ)的吸附分配系数K_d可以通过下式确定：

$$K_d = \frac{\eta_e}{\rho_b}\left(\frac{vt_{0.5}^{(Cr)}}{L} - 1\right) \tag{4-9}$$

式中：ρ_b为土的干容重；η_e为土壤介质的孔隙率；$t_{0.5}^{(Cr)}$为取样点Cr(Ⅵ)的相对浓度C_t/C_0达到0.5的时间，h；由Cr(Ⅵ)的吸附穿透曲线可知，当$C_t/C_0=0.5$时，$t_{0.5}^{(Cr)}=88.96$ h；L为取样管到土柱起端的距离，取200 mm；v为土柱中液体的实际流速，可由式$v=L/t_{0.5}$确定。

将L、ρ_b、η_e、$t_{0.5}^{(Cr)}$、v代入式(4-9)，经计算得：

$$K_d^{(Cr)} = \frac{0.51}{1.64} \times \left(\frac{0.0044 \times 60 \times 88.96}{20} - 1\right) = 0.0542(\mathrm{cm^3/g}) = 0.054 \times 10^{-3}(\mathrm{m^3/kg})$$

对于地下水环境，可用η_e代替上式中的θ，由于θ_s和θ通常差别不大，常假设$\theta_s=\theta$，因此迟滞因子R_d可由下式计算：

$$R_d = 1 + \frac{\rho_b}{\eta_e}K_d \tag{4-10}$$

将Cr(Ⅵ)的吸附分配系数$K_d^{(Cr)}$代入上式，经计算得：

$$R_d^{(Cr)} = 1 + \frac{1.64}{0.51} \times 0.0542 = 1.17$$

4.8　Cr(Ⅵ)在“铬渣－土壤－地下水”系统中的整体迁移模型

4.8.1　整体模型建立技术路线

整体模型的建立，首先是利用回归方程和人工神经网络理论建立酸雨淋溶状态下Cr(Ⅵ)淋出浓度与总量的仿真模型，再运用遗传算法对模型进行优化并计算酸雨条件下铬渣中Cr(Ⅵ)的释放浓度与通量；然后，通过等温吸持法研究土壤对Cr(Ⅵ)的吸附特性，利用土柱试验研究Cr(Ⅵ)在土壤中的迁移参数，在分析对流、弥散等水动力作用的基础上建立土壤 Cr(Ⅵ) 迁移的数学模型，根据上一步计算的 Cr(Ⅵ)释放浓度与通量对其在土壤中的迁移进行模拟；最后，针对研究区水文地质情况，建立地下水 Cr(Ⅵ)迁移的概念模型与数学模型，运用土壤迁移模型的计算结果，对 Cr(Ⅵ)在地下水中的迁移进行模拟。

迁移模型建立过程中，需要经过机理研究、参数估计和模型率定等一系列步骤与过程(图4-6)。下文在第2、第3章所建模型和模拟结果的基础上，针对研究区的水文地质情况，建立了地下水迁移的概念模型，并建立整体迁移模型。

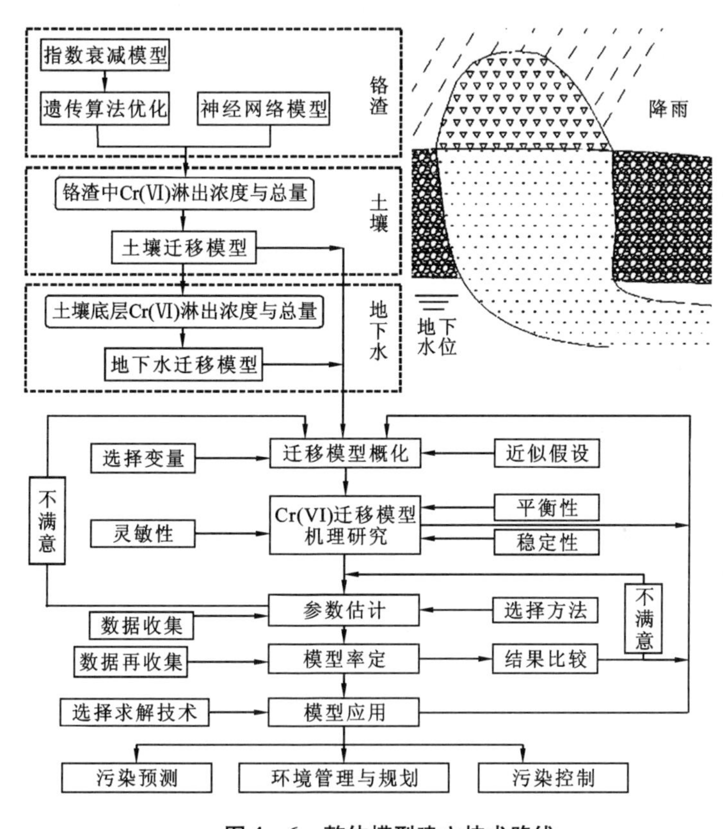

图4-6　整体模型建立技术路线

4.8.2　研究区水文地质概况

由湖南省国土资源规划院提供的研究区地质资料知，该区域地势平缓，坡度为2°~5°，属河漫滩阶地地形，宽度1~5 km。地质结构由第四纪松散堆积物和第三纪红岩组成(图4-7，表4-2)。第四纪松散堆积物的成分有砂层、亚砂层、亚砂土、砂砾石，此层总厚为4~27 m。

图 4-7　研究区域地质图

第四纪红色黏土及砂质黏土的耐压强度一般为每平方米 20 t 以上，未发现溶洞、崩塌、滑坡、地陷等不利地质现象，砂砾层含丰富的孔隙水，地下水埋藏很浅，地下水矿化度约 0.25 g/L，水质类型为 HCO_3-Ca 和 $HCO_3-(Ca+Mg)$，是比较好的饮用水源。第三纪红岩系泥砂质胶结，厚度达数百米，在裂隙不发育的地段可为良好的隔水层，对深层地下水免遭污染起到了良好屏障作用。

表 4-2　综合地层柱状剖面图

界	系	统	符号	柱状图	厚度/m	岩性描述
新生界	第四系	全新统	Q_h		9	砂层、亚砂土，砂砾层
	第三系	更新统	Q_p		126	黄色亚黏土、红色网纹状亚黏土、砂砾层
		始新统	E_1		500	上部，灰黑色、黄绿色沥青质灰岩，泥灰岩夹油页岩。产鱼化石及介形虫化石。下部紫红色、灰绿色花岗质砾岩，砂砾岩

4.8.3　水文地质概化模型的建立

4.8.3.1　模拟区范围确定

模拟计算的范围东南侧为涟水河；北侧以湘黔铁路附近的地下水等水位线(70 m)为准；东北及西侧各距该企业约2.8 km；模拟区域总面积约20 km^2。研究区的地形地势资料由湖南省地质调查院提供。

4.8.3.2　单元剖分

平面上，渣场最小剖分尺度为30 m×30 m；其他区域剖分为60 m×60 m。

垂向上分两层，第一层为潜水层，第二层为隔水层。模拟的高程范围约20 m。浅层地下水主要埋藏在第四纪红土层底部的砂砾层中，从地质钻孔数据看(表3-12)，砂砾层厚度主要为4~10 m，局部地段厚达14.20 m，因此，在本书中，将潜水层设为10 m。

4.8.3.3　含水层类型概化

根据类型、岩性、厚度和导水特征等，含水层应为非均质。但由于研究范围较小，且模拟对象为潜水层地下水，因此模型概化为均质各向同性含水层。

4.8.3.4　地下水流类型概化

研究区地势较平缓，潜水含水层遍布全区，为层流运动，水流运移符合达西定律，忽略地下水位受枯丰水期影响的变化，将全区视为稳定二维平面流。

4.8.3.5　研究区边界类型划分

垂直边界：上部边界为潜水面，是水量交换边界，下部边界为第三纪红岩，是区域性隔水层，概化为隔水边界。

侧向边界：东北、西侧和西南侧以流线为边界，将其设为零通量隔水边界。东南面涟水河为已知水位河流边界。北部没有自然边界，但可以依据长期观测的等水位线划定指定水头边界(图4-8)。

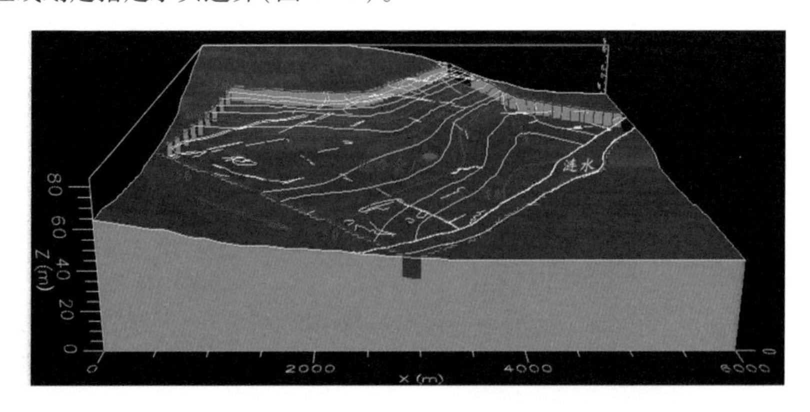

图4-8　研究区地形、边界及实测地下水位分布情况

溶质边界：对于溶质边界，在本次模拟中将铬渣场设为溶质通量边界，主要通过连接第3章中的土壤迁移模拟结果赋铬浓度值来实现溶质通量。具体方法是通过土壤迁移模拟计算每一时段 Cr(Ⅵ)从土壤底部的淋出浓度，然后将结果导入地下水模拟的污染物通量设置中。

4.8.3.6 地下水源汇计算

研究区地下水补给项主要为降水，洪水期涟水河对地下水呈季节性的侧向回灌补给，本书中主要考虑降水补给。地下水消耗项主要是蒸发和水井开采，本书中主要考虑蒸发排泄。降雨入渗量以及蒸发量通过降雨入渗系数以及潜水蒸发系数控制，降雨资料由湘乡市气象局提供。

$$降水入渗补给量: R_{降} = P \times a_{降} \tag{4-11}$$

式中：$R_{降}$ 为降水入渗补给量，mm；P 为年降水量，mm；$a_{降}$ 为降水渗入量与降水总量的比值，称为降水入渗系数。降水入渗系数主要受地表土层的岩性和结构、降水量大小、降水形式、地形坡度以及植被覆盖等因素的影响，其中，地表土层的岩性影响最为显著。该研究区水位埋深较浅，渗透性强，降水能很快入渗到含水层，降雨入渗是主要补给来源，根据地下水动态长期观测资料及水利部公布的水利水电工程水文计算规范，该区域的 $a_{降}$ 取值为0.17。

另外，结合该企业所在地区的水文地质情况，依据水利部公布的水利水电工程水文计算规范，潜水蒸发系数和潜水极限蒸发深度分别为0.4 m和4 m。

4.8.4 地下水系统水流及 Cr(Ⅵ)迁移模拟分析与验证

依据上述概化模型，结合4.2节中推导的地下水流和污染物迁移控制方程，利用 Modflow 软件对模型进行了验证。

4.8.4.1 流场模拟结果分析与验证

评价区地下水等水位线平面图（图4-9，图4-10）和地下水流场图（图4-11）中显示的研究区域地下水位为40~70 m，西北面水头较高，东南面水头较低。经验证，计算水头与实测水头差均小于3 m。

4.8.4.2 Cr(Ⅵ)迁移模拟结果分析与检验

从流场图和流向图可知，模型所建立的地下水流场也较好地反映了研究区地下水的补、径、排关系：地下水主要接受大气降水补给，受地形影响，地下水在横向上基本向涟水河运动，纵向上大体顺河流向下游逐渐降低。

同时，研究区一孤形富水带也已被较好地模拟出，这说明所建立的模型是真实的。特别是模型在被用于污染物迁移模拟的情况下，预测模型所提供的仅是一个污染物迁移的区间范围。鉴于此种考虑，我们认为该模型的精度是可以满足要求的。

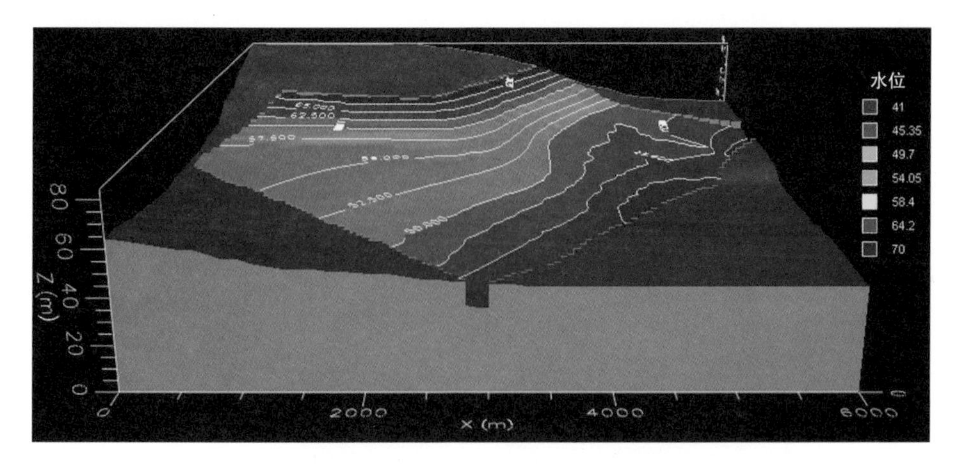

图4－9　地下水等水位线模拟图/m

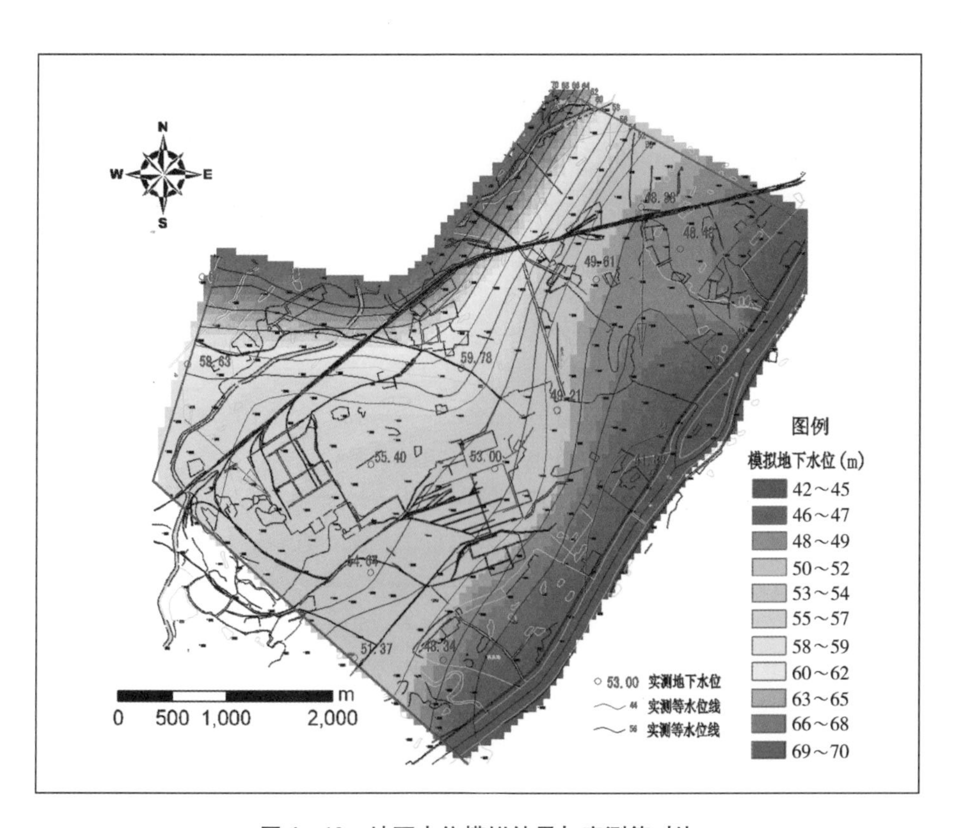

图4－10　地下水位模拟结果与实测值对比

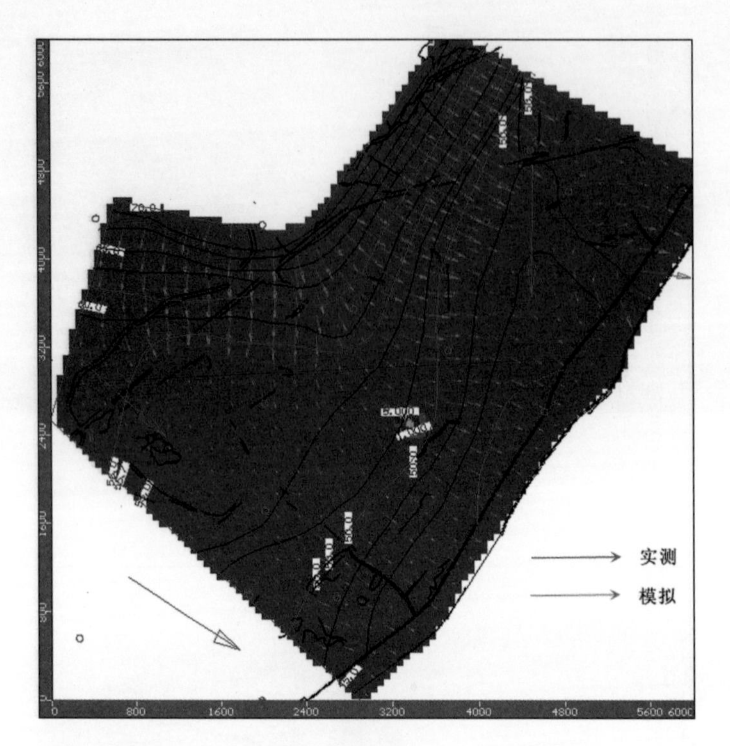

图 4－11　地下水流场模拟结果与实测结果对比

在流场确定的基础上，根据铬渣淋溶和土壤迁移模拟结果、水文地质资料及室内实验所得的迁移参数，进行模拟输出。该模拟时间从建厂满一年有一定量的铬渣堆存量开始计算，在模拟输出中，选取了模拟开始后 10 天、1 年、2 年、20 年及 44 年(2009 年)作为模拟输出点(图 4－12～图 4－16)。

模拟结果显示：随着时间的推移，地下水中 Cr(Ⅵ)迁移范围也逐渐增大，污染晕沿地下水流方向朝涟水河扩散(东南方向)；但是随着铬渣淋溶液中 Cr(Ⅵ)浓度的降低，进入土壤和地下水中的量也相应减少，因而在模拟的后 24 年间，污染晕的高浓度值面积有缩小的趋势。在 44 年的模拟时段里，研究区地下水 Cr(Ⅵ)污染晕继续向涟水河及涟水河下游延伸，使研究区中大面积的区域地下水中 Cr(Ⅵ)含量高于标准值(0.05 mg/L)，对涟水河水质产生了很大的影响。由于污染晕范围内有居民用井，因此对当地居民健康存在潜在影响。

由于潜水层在垂向上厚度不大，Cr(Ⅵ)在模拟前期早已到达其底部，因而垂向上差别并不明显，因此，本书中没有给出地下水中 Cr(Ⅵ)的垂向分布图。

为了检验模拟结果的可靠性，本研究于 2009 年下半年对该企业附近居民的井水进行了采样分析，并将分析结果与 2009 年的模拟值进行对比(表 4－3)。

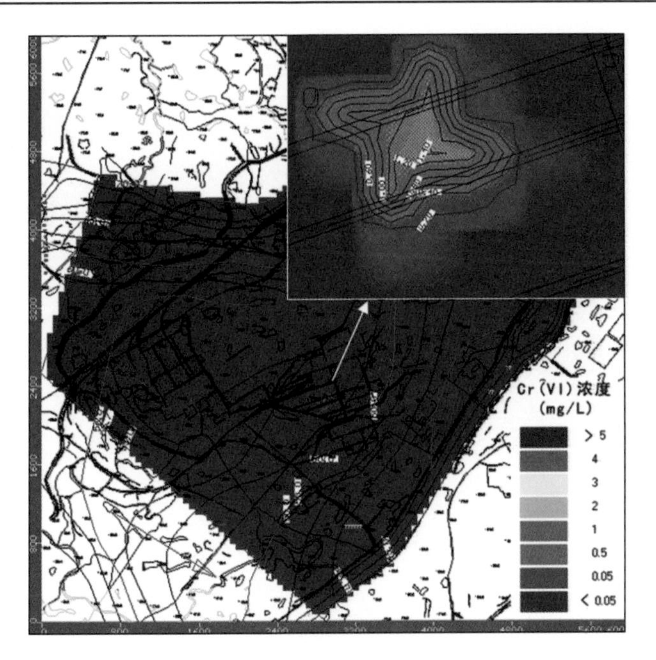

图4－12　地下水系统Cr(Ⅵ)迁移模拟结果(10天)

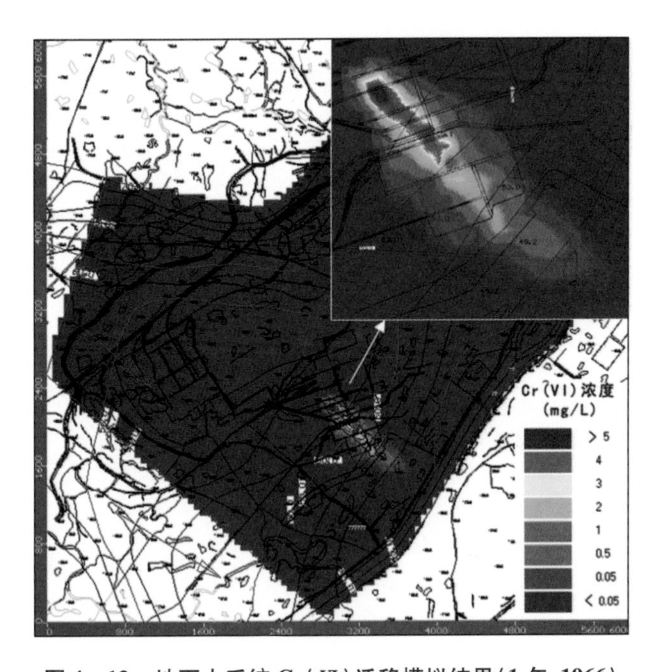

图4－13　地下水系统Cr(Ⅵ)迁移模拟结果(1年,1966)

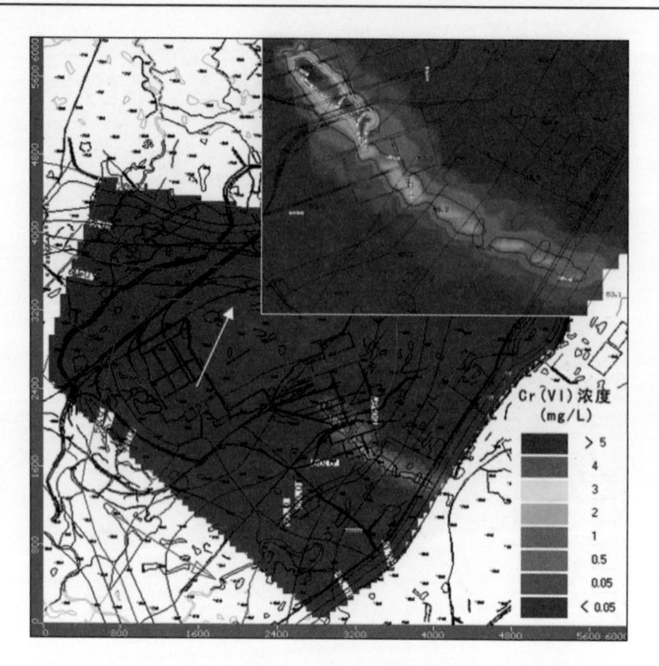

图 4-14 地下水系统 Cr(Ⅵ)迁移模拟结果(2 年,1967)

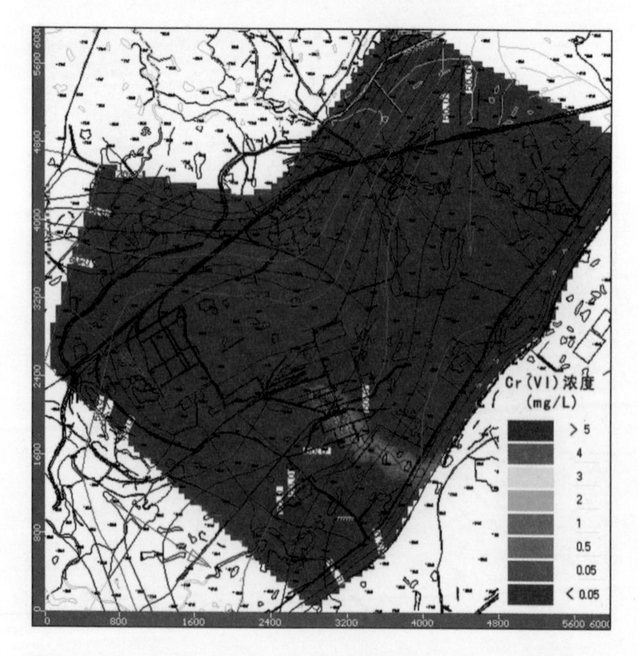

图 4-15 地下水系统 Cr(Ⅵ)迁移模拟结果(20 年,1985)

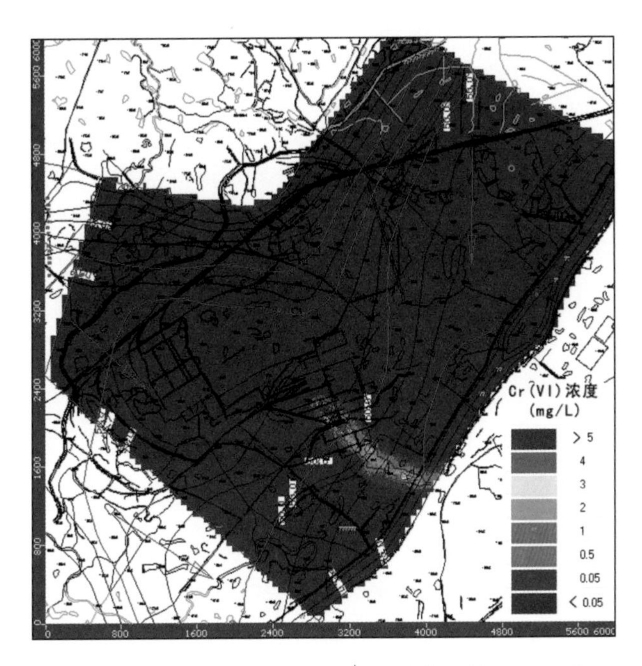

图4－16　地下水系统Cr(Ⅵ)迁移模拟结果(2009)

表4－3　模拟值与实测值对比

实测值/(mg·L^{-1})	预测值/(mg·L^{-1})	相对误差/%	实测值/(mg·L^{-1})	预测值/(mg·L^{-1})	相对误差/%
0.004	0.003	25.00	4.170	3.012	27.77
0.205	0.181	11.71	1.774	1.225	30.95
0.032	0.026	18.75	2.720	2.263	16.80
0.046	0.052	13.04	0.004	0.003	25.00
0.066	0.048	27.27	0.004	0.003	25.00

由表4－3可知，实测值与模拟值最大相差1.158 mg/L，最小相差0.001 mg/L；相对误差(*RE*)最大为30.95%，最小为11.71%；平均误差(*ME*)为0.221，均方误差(*RMSE*)为0.4303。根据上述分析结果，实测值与预测值基本吻合。因此，本书建立的数学模型是基本可靠的。

但从表4－3可看出，模拟值有比实测值偏小的趋势，这可能是由于模型对实际情况的简化所引起的。虽然湖南该企业三分厂的含铬废水处理达标后排放于涟水河，但废水中排出的Cr(Ⅵ)总量每年仍为6170 kg(1991年统计数据)。而通过我们于2008年对该厂排污口的废水进行采样分析表明，所有样品中Cr(Ⅵ)含量均达到6.49 mg/L以上，超过我国工业废水排放标准(GB 8978—1996)的阈值0.5 mg/L达13倍之多。由于在洪水期涟水河对城区地下水呈季节性的侧向回灌补给状态，因而涟水河的Cr(Ⅵ)也可能使地下水污染情况日趋加重。另外，对于排污管道的破损泄露以及其他生产厂家的铬污染，如湘乡市皮革厂也有可能存在铬污染物的排放，这些未在本书的考虑之中。而在本研究中，并未考虑地表水水位的季节性变化，也未考虑地表水Cr(Ⅵ)污染物的排放，更没有考虑可能存在的其他污染来源，因而造成了模拟值比实测值要稍微偏低的结果。但是，从污染物的迁移途径、扩散范围、污染程度等各方面进行评价，本书中所建立的模型还是比较可靠的。

4.8.5 地下水Cr(Ⅵ)迁移预测及分析

本研究在对所建模型通过可靠性验证的基础上，对Cr(Ⅵ)在地下水中的迁移进行预测。本书预测通过三种方案：①铬渣不经处理，且生产维持原状；②无新渣产生且铬渣被无害化处理完成50%；③无新渣产生且铬渣被完全无害化处理。在以上三种方案下，对2015、2040和2060年的Cr(Ⅵ)迁移情况进行了模拟预测分析(图4－17～图4－19)。

方案①的预测结果显示，虽然旧渣中Cr(Ⅵ)的淋出量和浓度均在减小，但由于不断有新渣的加入，Cr(Ⅵ)的淋出总量和浓度仍呈上升趋势，因而污染晕不断扩大，而且高浓度区域的面积也在逐渐增大。因此，必须对铬渣进行无害化处理，切断地下水中Cr(Ⅵ)的污染源头。

方案②的预测结果表明，即使到了2060年，地下水中Cr(Ⅵ)污染晕范围也没有缩小的趋势。但也可以看出，仅对铬渣无害化处理5年后(2015年)，Cr(Ⅵ)高浓度区域的面积就已明显缩小。由此可知，经过对50%的铬渣进行无害化处理后，地下水中Cr(Ⅵ)浓度降低，地下水水质已有好转。

通过方案③更可以看出铬渣无害化处理的效果。高浓度污染区域的范围更加明显的缩小，最高浓度也基本上不高于3 mg/L。截至2060年，对于大部分区域，在铬渣未经处理前，地下水中Cr(Ⅵ)的最高浓度是完全无害化处理后同时期浓度的10～40倍。可见，铬渣的无害化处理，对周围区域地下水环境具有明显的改善作用。但是，从方案③的分析结果亦可看出，即使在铬渣被完全处理后，仍然有很大面积的地下水中Cr(Ⅵ)含量超出《地下水质量标准》(GB/T 14848—1993)和《生活饮用水卫生标准》(GB 5749—2005)限值。

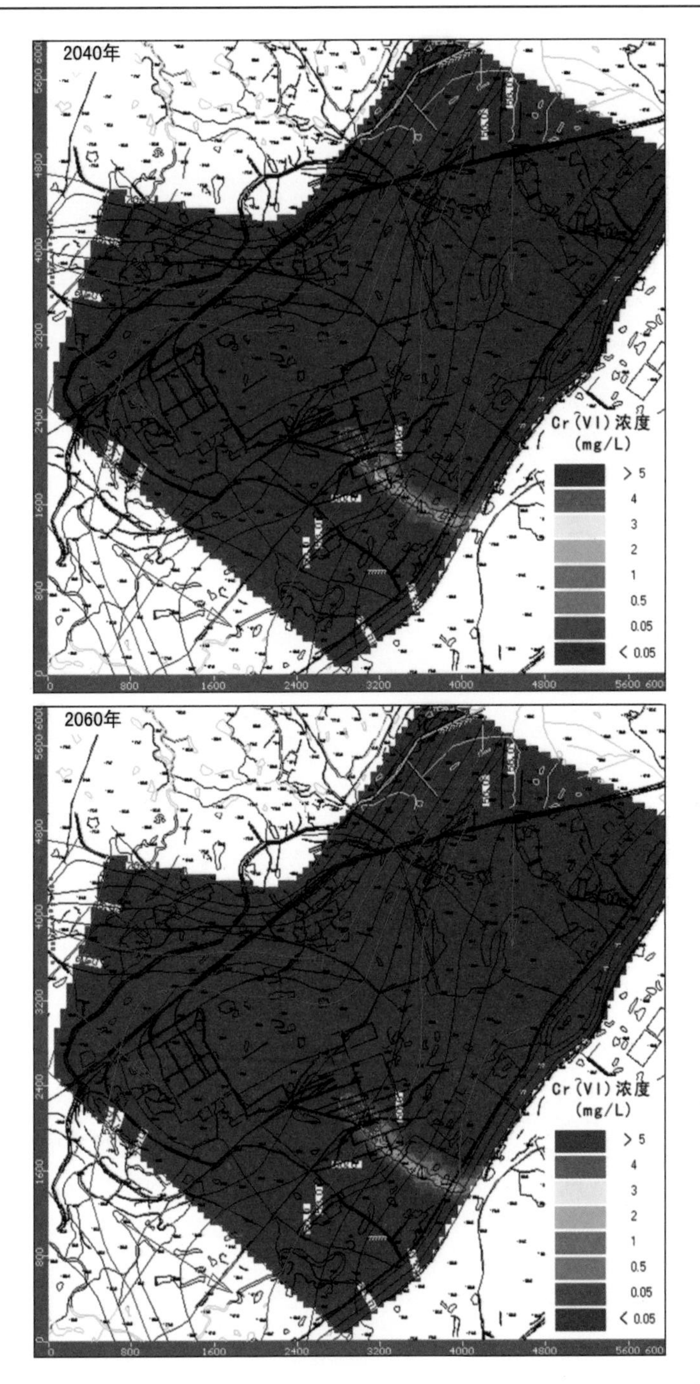

图4－17　铬渣不处理情况下的地下水六价铬迁移模拟预测结果(方案①)

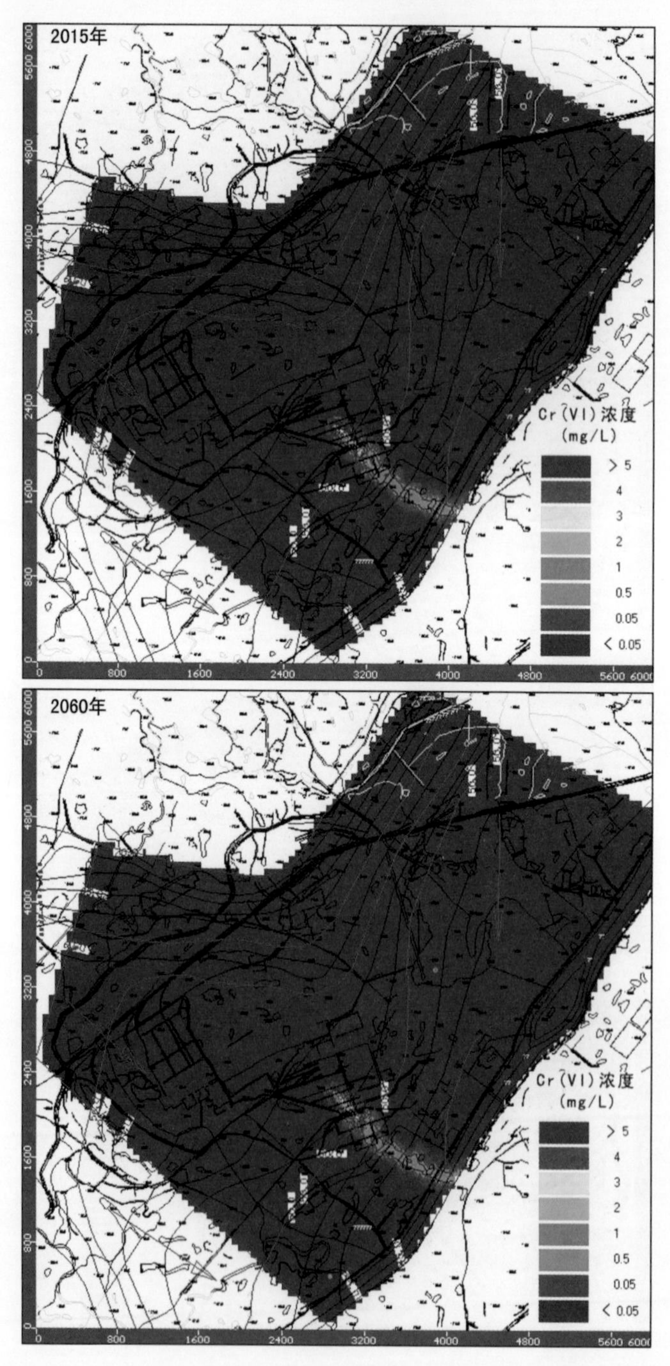

图 4－18　铬渣处理 50%后的地下水六价铬迁移模拟预测结果(方案②)

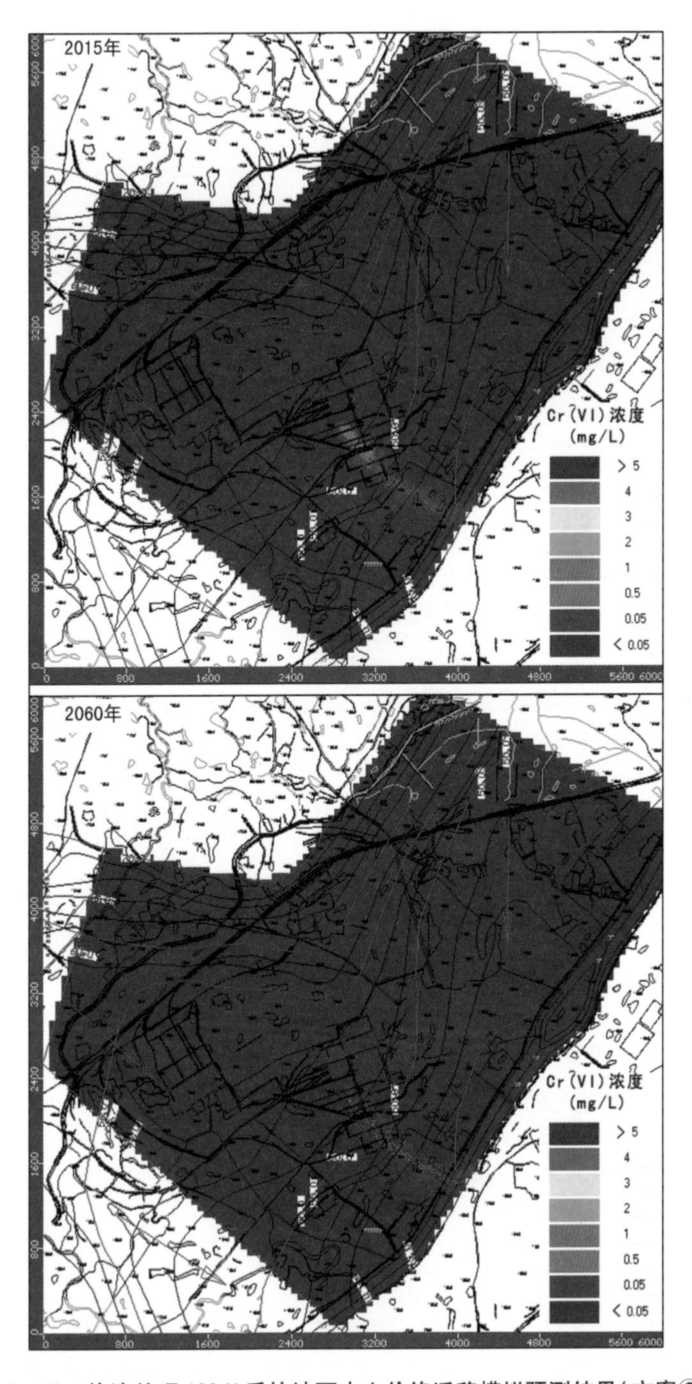

图4-19　铬渣处理100%后的地下水六价铬迁移模拟预测结果(方案③)

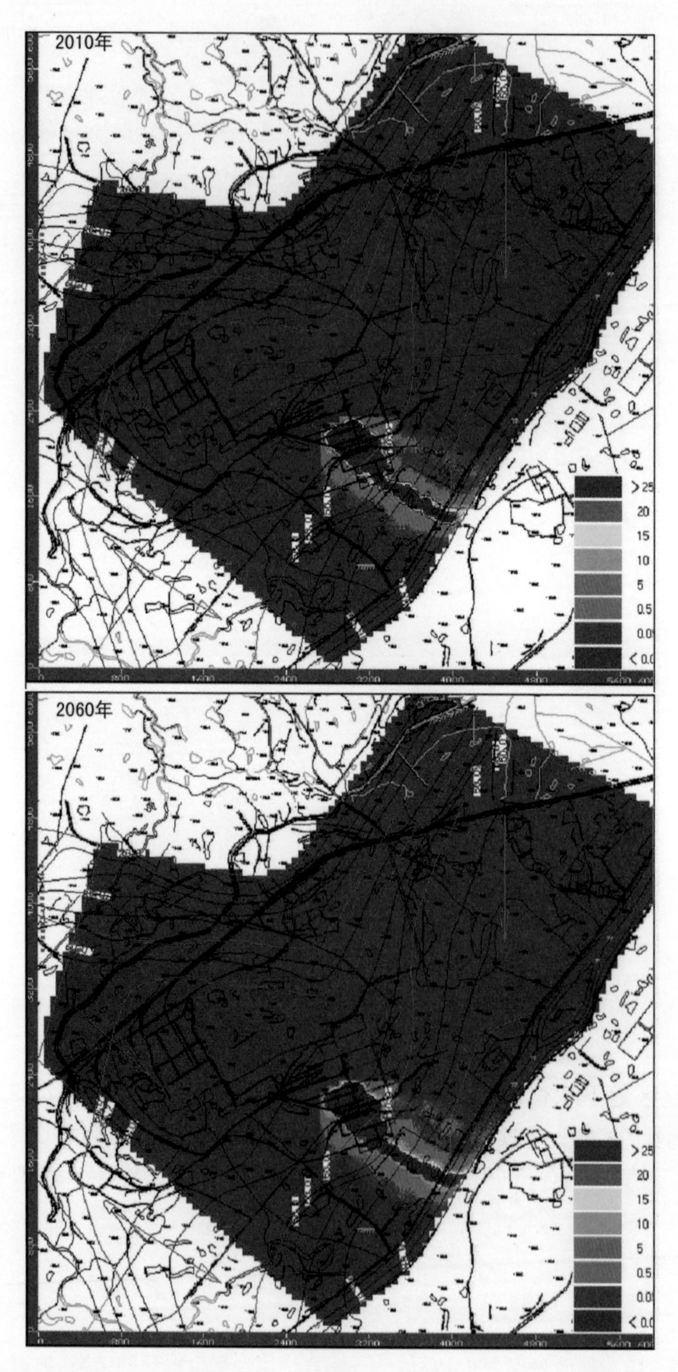

图4-20 污染源浓度达3000mg/L的地下水六价铬迁移模拟预测结果(方案④)

可见，Cr(Ⅵ)的污染危害具有长期性，一旦造成地下水污染，其自然修复过程需要很长的时间。要解决现有污染区域的污染问题，使其恢复原有状态，需要进行十分艰巨而复杂的工作和投入大量的资金，甚至有研究称，即使投入再大也难以完全恢复。但若不对该企业的Cr(Ⅵ)污染问题采取根本性治理措施，预计Cr(Ⅵ)污染对湘乡市城区地下水的污染是未来若干年内面临的严峻问题。

另外，本章对地下水中的Cr(Ⅵ)污染进行了高浓度持续泄漏情景下的模拟与预测(方案④，图4-20)，以期对当地的由于该厂引起的污染范围进行最大可能的预测。本方案中假设渣场的污染浓度为3000 mg/L，由模拟结果(图4-20)可知，随着污染源Cr(Ⅵ)浓度值的提高，污染区域明显向整个东南区域的市区扩展。且由于涟水河的影响，Cr(Ⅵ)不断向河流的下游迁移，并有可能引起城区大部分区域的地下水污染，严重影响当地的日常生产与生活。可见，对于该厂引起的污染问题，一定要从源头上抓起，从根本上改善当地的环境质量。

4.9　小结

在本书第2章和第3章研究与分析的基础上，本章对铬渣淋溶液经土壤进入地下水中的迁移机理进行了分析，并结合第2章和第3章的迁移模型，建立Cr(Ⅵ)在“铬渣-土壤-地下水”系统中迁移的整体模型，对Cr(Ⅵ)的迁移过程进行模拟，对地下水的危害进行预测，并针对Cr(Ⅵ)的地下水污染提出防治措施。

(1)氯离子在饱和土柱中持续注入7.5 h后，检测有氯离子从土柱底部流出；注入10 h以后，出流浓度开始逐渐增大；注入30 h后，氯离子已经基本穿透土柱，出流浓度达到入流浓度的99%。Cr(Ⅵ)离子在持续注入20 h后，检测有Cr(Ⅵ)从土柱底部流出；注入48 h左右，出流浓度开始逐渐增大；注入153 h后，出流浓度达到入流浓度的99.5%以上，Cr(Ⅵ)已经基本穿透土柱。

(2)研究区域地下水渗透系数K_t为63.36 mm/d，Cr(Ⅵ)在地下水中的吸附分配系数K_d为$1.17\times10^{-3}m^3/kg$，迟滞因子R_d为4.76。

(3)研究区地下水位为40~70 m，西北面水头较高，东南面水头较低。经验证，所建模型计算水头与实测水头差均小于3 m；另外，模型模拟的地下水流场分布也与实际情况吻合得很好。地下水中Cr(Ⅵ)的实测值与模拟值最大相差1.158 mg/L，最小相差0.001 mg/L；相对误差(*RE*)最大为30.95%，最小为11.71%；平均误差(*ME*)为0.221，均方误差(*RMSE*)为0.4303。根据上述分析结果可知，实测值与预测值基本吻合。因此，本章建立的数学模型是基本可靠的。

(4)通过模型预测显示，铬渣中Cr(Ⅵ)的淋出总量和浓度呈上升趋势，污染晕不断扩大，高浓度区域的面积也逐渐增大。因此，必须对铬渣进行无害化处理，以切断地下水中 Cr(Ⅵ)的污染源头。

(5)若铬渣被完全无害化处理，通过模拟预测得知，高浓度污染区域的范围明显缩小，最高浓度基本上不高于 3 mg/L。截至 2060 年，大部分区域地下水中 Cr(Ⅵ)的最高浓度是未无害化处理前的 1/40～1/10 倍。可见，铬渣的无害化处理对周围区域地下水环境质量具有明显的改善作用。

(6)本章所建立的整体迁移模型，对我国铬渣的科学管理及相关的土壤和地下水的环境保护具有重要的理论和实践指导意义。

第 5 章

Cr(Ⅵ)污染的健康风险评价研究

5.1　引言

铬是地壳中十大富集元素之一，其作为重要的战略性资源，应用极其广泛，涉及国民经济约 15% 的商品品种。然而，铬同时也是常见的污染物来源，其污染普遍性在重金属污染种类中居第 2 位，仅次于铅。铬污染广泛来源于铬矿的开采和冶炼，含铬化合物在电镀、鞣革、颜料、合金、印染、胶印以及农业上的应用等。铬渣中的 Cr(Ⅲ) 迁移能力弱，并且毒性低；而 Cr(Ⅵ)却具有高迁移能力和高致毒、致癌风险。

健康风险评价能够有效地根据污染物的致毒机理对有害物质给人类健康产生的危害进行评估与预测。一般情况下，土壤中的有毒物质进入人体主要通过间接暴露与直接暴露两种途径。间接暴露途径包括蔬菜、大米、米粉、水果以及其他食物链，以往学者在这方面的研究工作进行得比较广泛。直接土壤暴露包括由土壤污染物引起的粉尘经呼吸系统、污染物经口腔以及经皮肤进入人体三个方面。虽然土壤污染物直接暴露是危害人类健康的基本途径，但在这方面的研究远不如直接暴露。另外，虽然国内对许多重金属的健康风险进行了研究，但针对渣、土壤、蔬菜以及地下水中 Cr(Ⅵ)的研究却鲜有报道。

另外，对健康风险评价研究在时间范围的推广和空间范围的扩大，是未来发展的重要方向。健康风险评价研究的进一步发展，需要应用暴露再现评估方法、先进的模拟方法和新型的数理统计模型和方法等，实现对历史暴露的定量估计和对未来暴露的有效预测；同时，需要应用地理信息系统(GIS)和空间分析技术等方法，扩大健康风险评价的地域尺度，实现基于群体的定量暴露评价，为宏观决策服务。

因此，本章应用本书前文章节中所建立的 Cr(Ⅵ)在“渣 - 土壤 - 地下水”系统中的迁移模型，在时间范围上对健康风险评价进行推广，对其进行动态风险评估与预测；利用 GIS 和空间分析技术，在空间上对健康风险评价进行扩展。同时，综合利用直接暴露与间接评价方法对渣、土壤、植物以及地下水中 Cr(Ⅵ)对人类健康风险进行评估。

5.2 人类健康风险时空拓展

人类健康风险理论需要应用先进的模拟方法与模型，实现对历史风险的定量估计、对现状风险的动态评价以及对未来风险的有效预测；同时，健康风险理论需要应用地理信息系统(GIS)来扩大风险评价的空间尺度，实现基于不同空间群体的定量评价，从而更好地为环境管理的宏观决策服务。本书基于此目的，利用第4章所建立的 Cr(Ⅵ)在“铬渣－土壤－地下水”系统中的迁移模型，在时间维度上对健康风险评价理论进行延伸；利用 GIS 技术与方法，对其在空间维度上进行拓展(图5－1)。

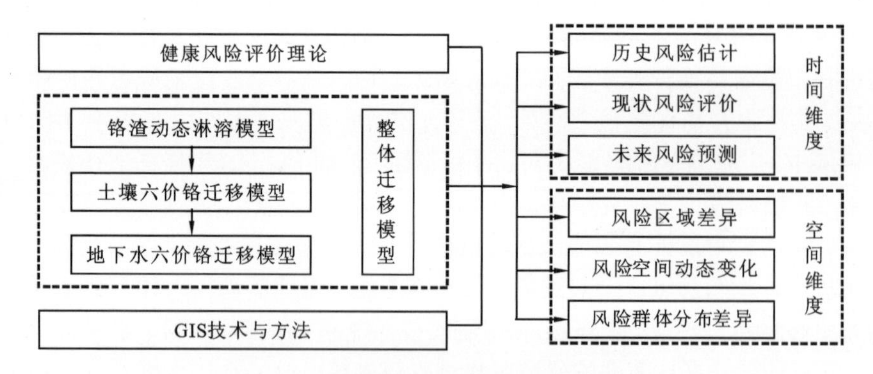

图5－1　健康风险评价理论时空拓展方法

5.3 基于整体迁移模型的时空拓展

5.3.1 风险计算

本书以湘乡市某企业铬渣中 Cr(Ⅵ)淋溶引起的地下水污染为例，根据前文对地下水污染的模拟结果，对成人和儿童两个群体通过饮用含 Cr(Ⅵ)的地下水产生的健康风险进行历史估计、现状评估与未来预测。其风险计算如下式：

$$HQ=\frac{CDI}{RfD}=\frac{C\times IR\times EF\times ED}{BW\times AT\times RfD}\tag{5-1}$$

式中：IR 为地下饮用水的人均日摄入量(L)，其他符号同式(5－2)。具体参数如表 5－1所示。

表 5－1　风险评价参数

参　数	单　位	符号	成　人	儿　童
体重	kg	BW	58.6	22.3
暴露持续时间	years	ED	58	10
暴露频率	day/year	EF	365	365
平均暴露时间	day	AT	3 65 × 58	3 65 × 10
人均日摄入量	L/(person · d)	IR	2.2	1.8

5.3.2　健康风险时空分析

根据本书中建立的 Cr(Ⅵ)整体迁移模型，对由饮用地下水引起的人类健康风险进行了历史与现状评估(图 5－2 ~ 图 5－7)。美国环境保护局认为，当风险值大于 1 时，则认为污染对人类健康有害。由分析结果可知，成人在 1966 年、1985 年和 2009 年的风险最高值分别达到了 71.2、83.0 和 86.1，超过最高允许风险值 70 余倍；而儿童在 1966 年、1985 年和 2009 年的风险最高值分别达到了153、178 和 185，是同时期成人风险的两倍多。容易看出，随着时间的推移，成人与儿童的最大风险值均不断增高，健康风险日益增大。另外可以看出，Cr(Ⅵ)迁移所达区域，绝大部分风险值均大于 5，可见 Cr(Ⅵ)具有很高的毒性，对人类健康的危害不容忽视，特别是对于儿童这一脆弱群体，更应该引起当地民众与相关部门的重视。

另外，根据第 4 章 4.8.5 节中的①、②、③三种方案下的地下水 Cr(Ⅵ)迁移预测结果，即：①铬渣不经处理，且生产维持原状；②无新渣产生且铬渣被无害化处理完成 50%；③无新渣产生且铬渣被完全无害化处理。在以上三种方案下，对儿童在 2015 年和 2060 年的地下水中 Cr(Ⅵ)的健康风险进行了模拟预测与评价(图 5－8 ~ 图 5－12)。由结果可知，在方案①下，儿童在 2060 年的健康风险大于 1 的区域不断扩大，其最高风险值达到了 188；而在方案②中，2015 年的和 2060 年的最高风险值分别为 94.4 和 94.6；在方案③中，由于对铬渣完全进行了无害化处理，2015 年的和 2060 年的最高风险值分别为 20.4 和 20.8，与方案①相比，其最高风险值减少了 89%。可见，为改善该研究区域的地下水环境，应尽早对铬渣进行治理。

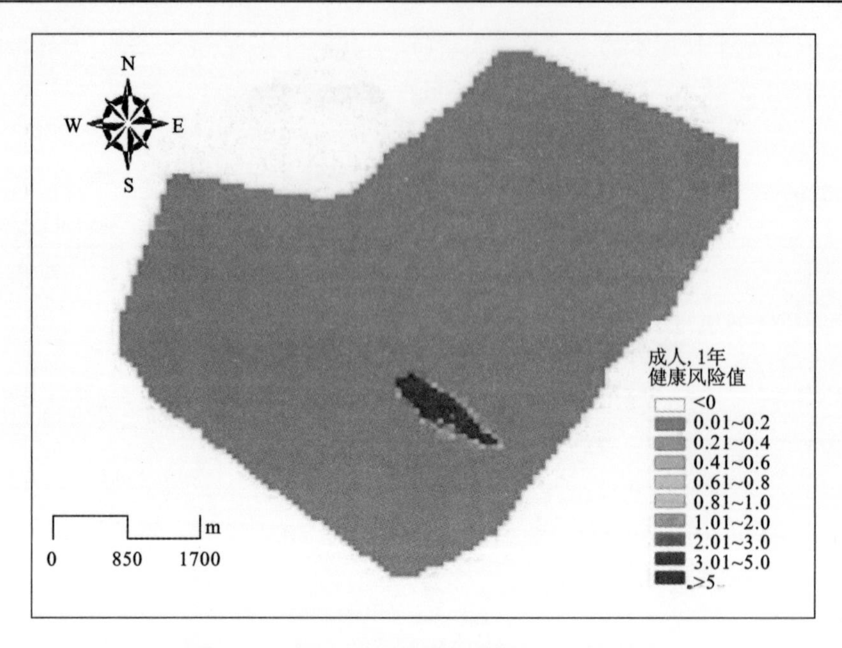

图5-2　健康风险历史评估结果(成人，1966)

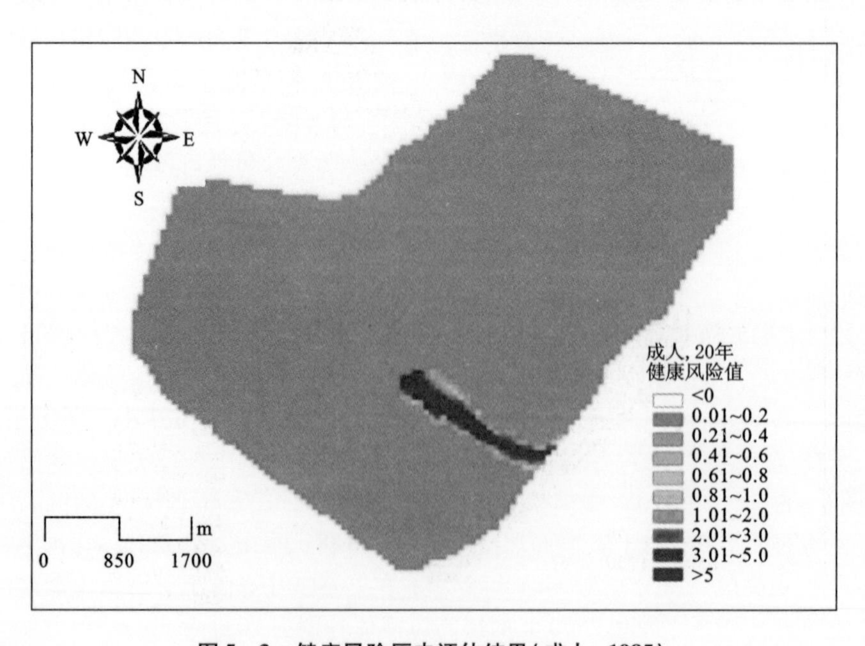

图5-3　健康风险历史评估结果(成人，1985)

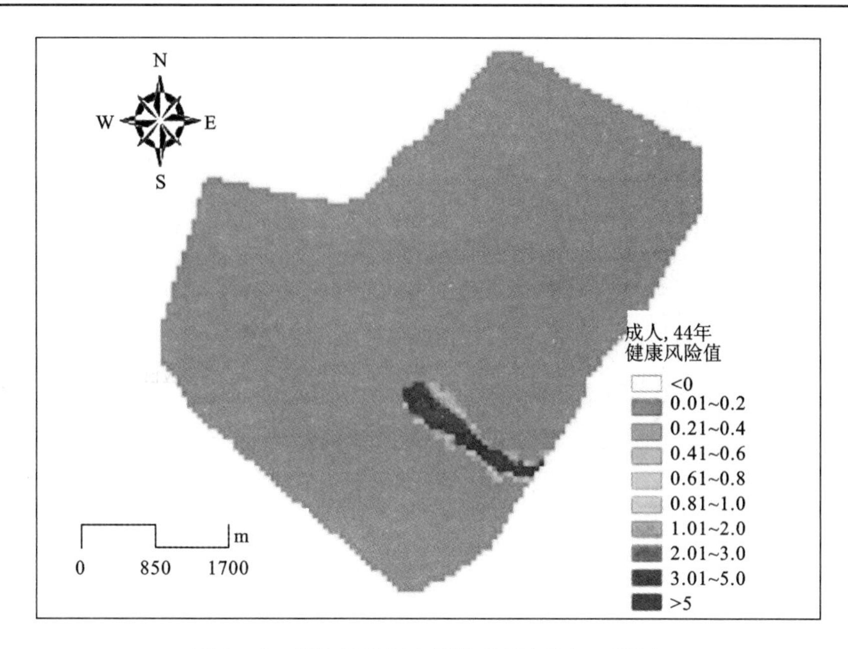

图 5 -4　健康风险历史评估结果(成人, 2009)

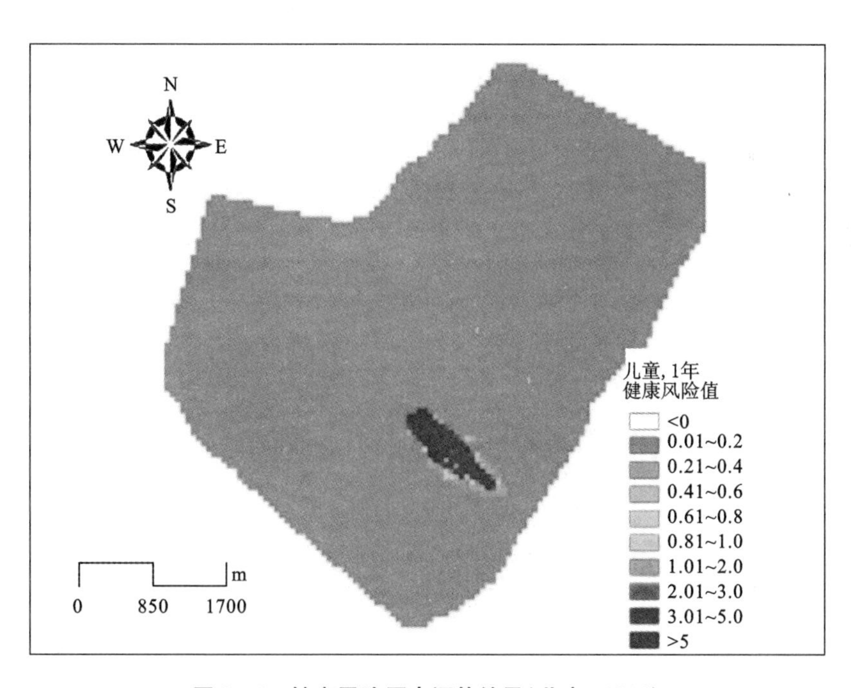

图 5 -5　健康风险历史评估结果(儿童, 1966)

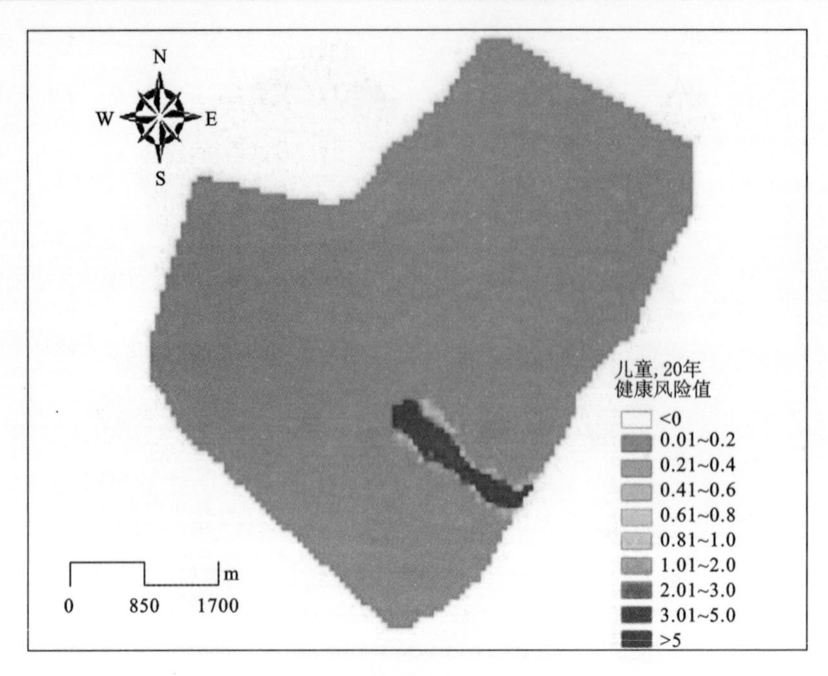

图 5－6 健康风险历史评估结果(儿童, 1985)

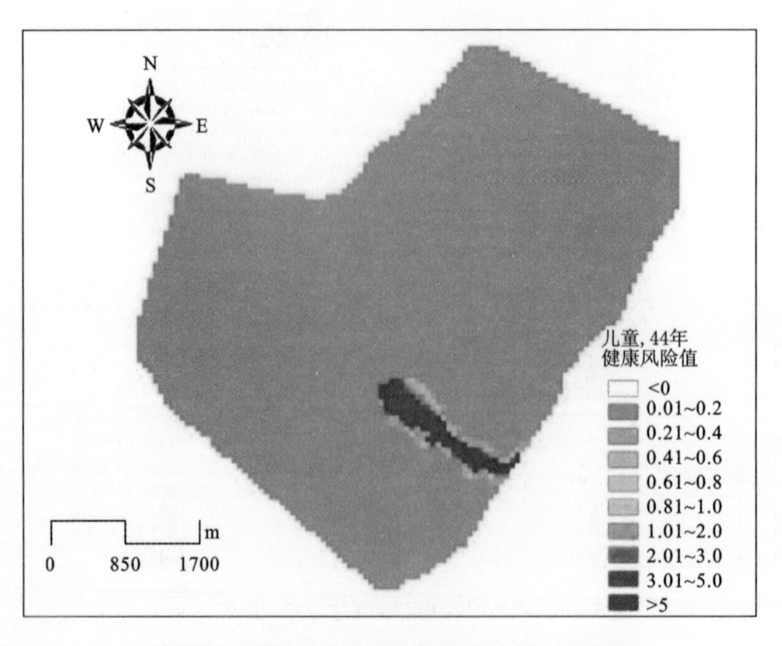

图 5－7 健康风险历史评估结果(儿童, 2009)

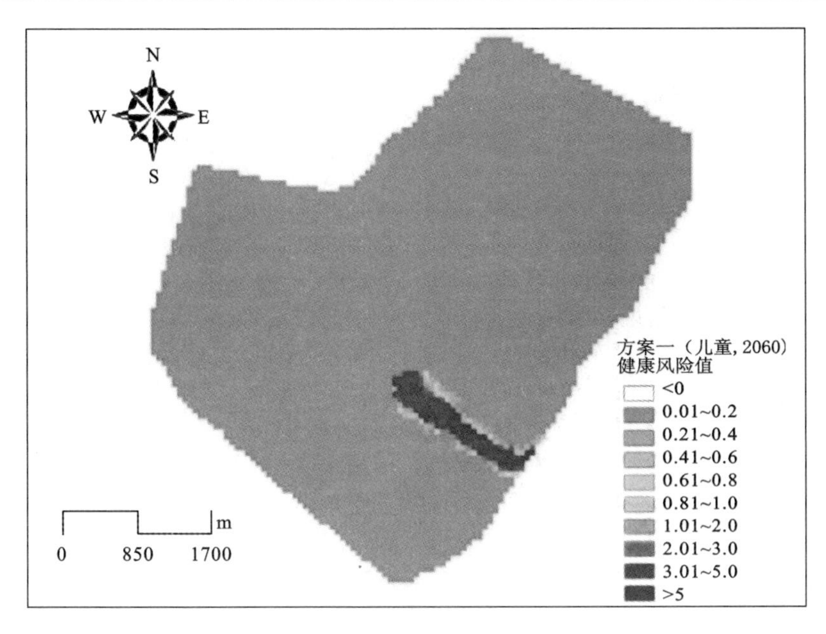

图5-8 健康风险预测结果方案①(儿童, 2060)

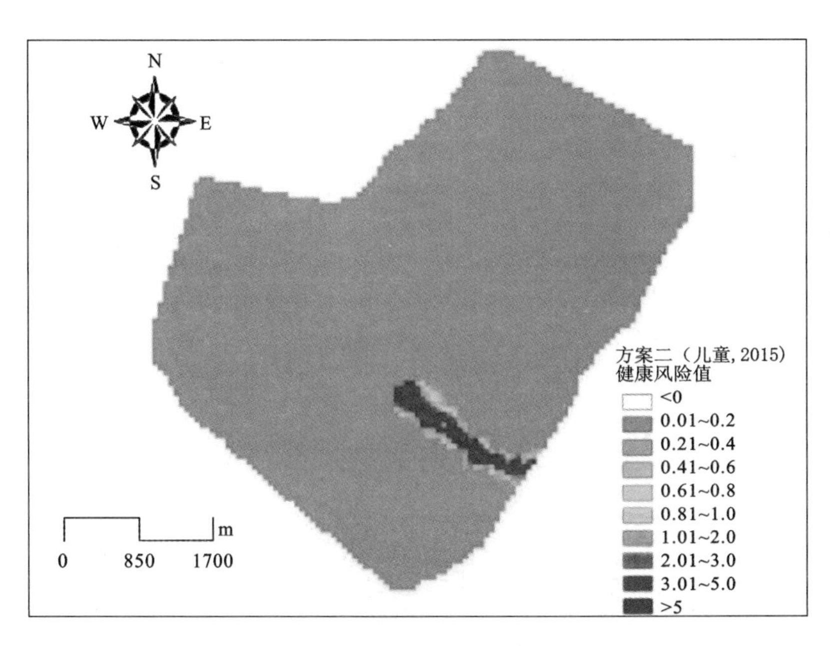

图5-9 健康风险预测结果方案②(儿童, 2015)

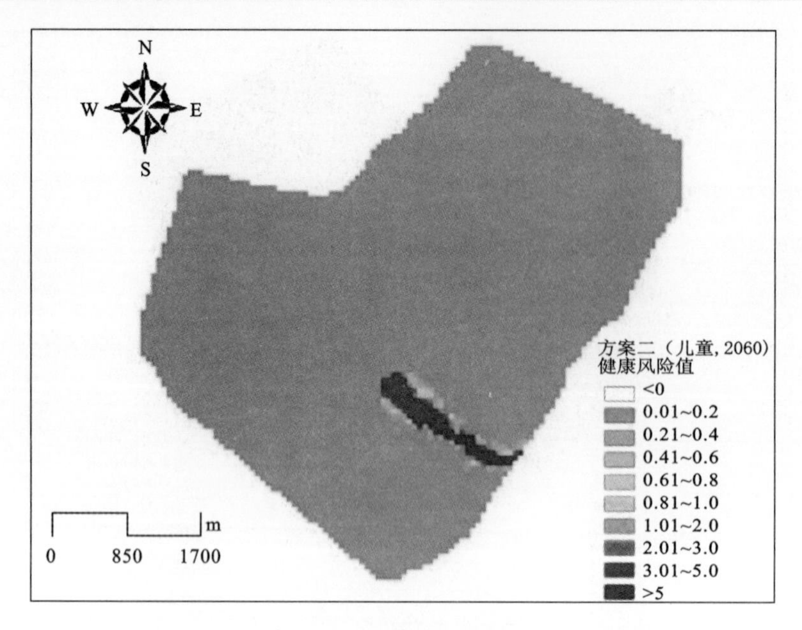

图5－10 健康风险预测结果方案②(儿童,2060)

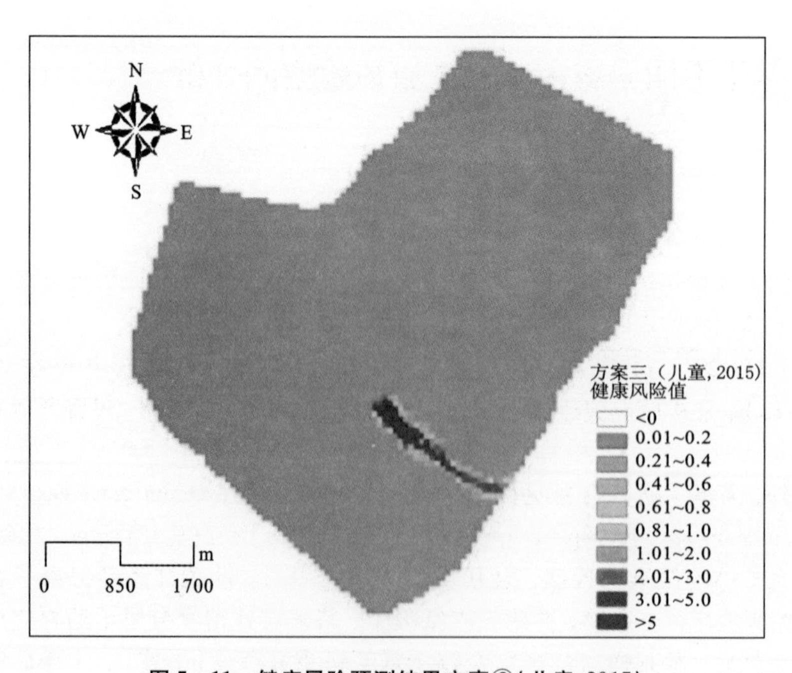

图5－11 健康风险预测结果方案③(儿童,2015)

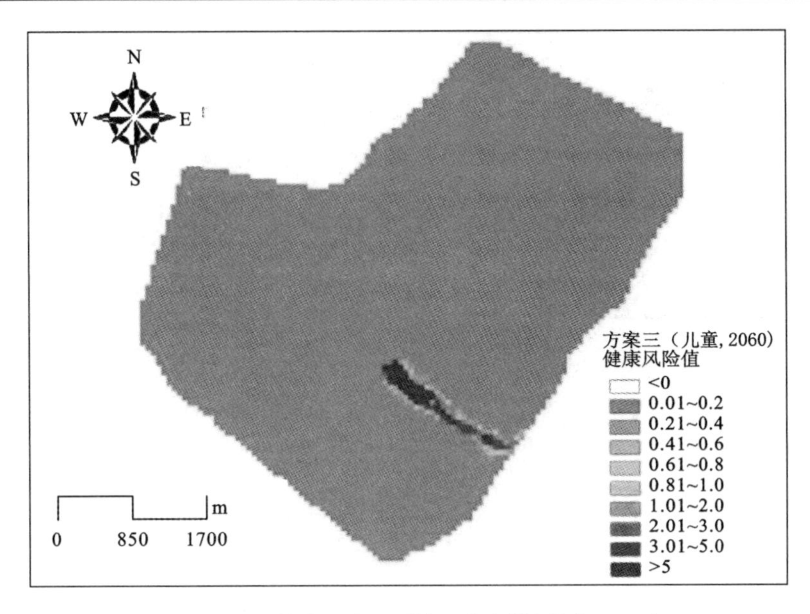

图5-12 健康风险预测结果方案③(儿童,2060)

5.4 基于不同暴露因子的健康风险空间分析

5.4.1 样品采集与处理

由于该企业堆存了大量的铬渣(约20万t)，并且其废水和废气排放造成了附近区域的土壤铬污染。为了研究该地区土壤中的铬风险水平，本研究在该企业附近分土地使用类型以每0.1 km^2一个采样点的密度采集了工业区、农业区和居民区表层(0～20 cm)共79个土壤样品，并用GPS对采样点进行位置标记(图5-13)。采样后土壤经除去杂屑、石块等，然后风干、研磨、过筛并进行化学分析。

另外，采集了研究区常见的三种蔬菜样品：芹菜（Apium graveolens)、白菜[Brassica compestris L. ssp. pekinensis (lour) Olsson]和莴苣（Lactuca sativa L)。所有蔬菜样品均健康已成熟，且栽培方式基本相同。蔬菜样品经去离子水清洗后，去除灰尘与可见杂物，并用吸水纸吸干，待表层残留水分风干后再进行称量(湿重)。然后，蔬菜样品经60℃恒温干燥至恒重并称量(干重)。干燥后的蔬菜样品经研磨、过筛后进行总铬分析。对于Cr(Ⅵ)含量的分析，清洗后的蔬菜用液态氮冷冻、研磨，并冷藏于-80℃温度下备用。

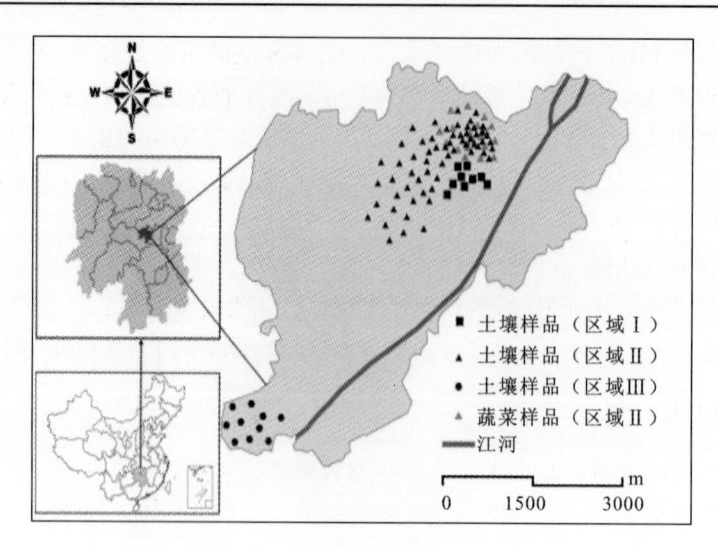

图 5-13　区域位置及采样点分布

5.4.2　分析方法

土壤中总铬测量如本书第 3.3.4 节所述。由于有研究称水溶性铬在低溶解度下更容易致癌，因此本书着重分析了水溶性铬的影响。水溶性 Cr(Ⅵ)的分析与测定步骤为：加 50 mL 去离子水至 10 g 土壤样品中，振荡 1 h，过滤，并用二苯碳酰二肼分光光度法测定。

取 2.0000 g 已研磨的蔬菜样品，加入 5 mL 浓 HNO_3 并加热至 160℃进行溶解。溶解完成后冷却，过滤，用去离子水定溶至 50 mL 后用 ICP - AES 分析其中的总铬含量。蔬菜中的 Cr(Ⅵ)分析因不进行溶解，故用 XAS 进行分析。

5.4.3　暴露参数

为使评价结果与实际情况尽量符合，有必要分区域按照人群的实际生活习惯确定暴露参数。

区域Ⅰ(工业区)：由于国内男、女职工退休年龄分别为 60 岁与 55 岁，因此该区域的平均暴露持续时间(exposure duration，ED)为 57.5 年。同时，考虑到每周五天工作日及每年约六周的假期(包括春节、清明、五一、中秋、国庆等)，因此该区域暴露频率(exposure frequency，EF)为 230 天/年。另外，该区域的日均工作时间为 8 小时。

区域Ⅱ(农业区)：本研究中的农业区为菜地。由于该区域成年男性基本上都在工厂上班，因此菜地的主要风险对象为女性。对于土壤暴露评价，风险对象的体质量(body weight，BW)取成年女性的平均值 54.4 kg。另外，由于大概 50% 以上的女性年过 60 岁仍从事农业活动，因此该区域的风险暴露持续时间为 42 年（18 岁至 60 岁）。由于农业活动具有季节性，因此假设该区域农民一年中约有三分之二的时间从事农业活动，即 243 天/年，并且假设每天的工作时间为 5 小时。对于铬污染蔬菜摄取风险，其风险对象为该区域的所有人群。因此，其体质量为成年人的平均值 58.6 kg（我国男女体质量平均值分别为 62.7 kg 和 54.4 kg）。当地居民的饮食习惯通过问卷调查确定。

区域Ⅲ(居民区)：该区域的风险暴露持续时间为我国居民的平均寿命(73 年)，暴露频率为 365 天/年，暴露时间为 24 小时/天(8 小时室内，16 小时室外)。

5.4.4　风险计算

铬健康风险评价包括两个方面：土壤直接暴露与食物摄取。其中土壤直接暴露包括三个方面：①口腔摄取；②呼吸道摄取；③皮肤摄取。非致癌性风险值用 HQ(hazard quotient)表示，$HQ>1$ 表明污染物对当地居民存在健康风险，反之，则表明风险在容许范围之内。

土壤直接暴露用以下公式计算：

$$HQ=\frac{CDI_{\text{ingestion}}+CDI_{\text{inhalation}}+CDI_{\text{dermal}}}{RfD}$$
$$=(C_S\times I_{sp}\times CF+D_{PM}\times M_{PM}\times IR\times ET+C_S\times CF\times SA\times AF\times ABS)\times\frac{EF\times ED}{BW\times AT\times RfD}\tag{5-2}$$

式中：CDI 为终生日平均摄入剂量，mg/(kg·d)；C_S 为土壤中 Cr(Ⅵ) 含量，mg/kg；D_{PM} 为空气中可吸入颗粒物的含量(对于室外，D_{PM} 为该区域 PM_{10} 的年平均含量 0.111×10^{-6} kg/m^3；对于室内，$D_{PM}=0.445\times0.111\times10^{-6}$ kg/m^3)。M_{PM} 为可吸入颗粒上的污染物浓度（当灰尘中污染物由土壤引起时，该值与 C_S 相同）。RfD 为 USEPA 确定的参考剂量，mg/(kg·d)，Cr(Ⅵ) 为 3×10^{-3} mg/(kg·d)。详细参数参见表 5-2。

虽然造成铬污染的有 Cr(Ⅲ) 和 Cr(Ⅵ) 两种形态，但只有 Cr(Ⅵ) 被划分为致癌物，且仅认为经呼吸途径才致癌，Cr(Ⅵ) 通过土壤呼吸摄入的致癌风险计算方法如下：

$$Cancer\ risk=CDI_{\text{inhalation}}\times SF\tag{5-3}$$

式中：$CDI_{\text{inhalation}}$ 与式(5-2)中相同；SF 为致癌斜率因子，(kg·d)/mg；Cr(Ⅵ) 的 SF 值为 42 (kg·d)/mg。致癌风险的最低容许值为 10^{-6}。

蔬菜摄入风险计算采用如下公式：

$$HQ=\frac{C_V\times C_{\text{factor}}\times DI_V}{BW\times RfD}\tag{5-4}$$

式中：C_V，C_{factor}，DI_V和 BW 分别为蔬菜中铬含量（干重，mg/kg）、转换因子、蔬菜日摄入量(kg/day)及平均体重(kg)，转换因子(C_{factor})定义为蔬菜干重与湿重的比值，用来进行蔬菜干、湿重转换。以往的研究往往使用0.085 作为蔬菜的干湿重转换因子，而对不同蔬菜种类不予区分。在本研究中，通过实验对不同种类的蔬菜的转换因子进行了测定。另外，蔬菜的日平均摄入量假设为0.345 kg/人。

表5-2　健康风险评价参数

参　数	符号	单位	区域Ⅰ	区域Ⅱ	区域Ⅲ
体重	BW	kg	58.6	54.4（土壤）； 58.6（蔬菜）	58.6
暴露持续时间	ED	year	41.5	42	73
平均暴露时间	AT	day	3 65×41.5	3 65×42	3 65×73
暴露频率	EF	day/year	230	243	365
呼吸率	IR	m^3/day	17	14	17
日均暴露时间	ET	h/24 h	8	5	24
室外可吸入颗粒物浓度	D_{PM}	kg/m^3	0.111×10^{-6}	0.111×10^{-6}	0.06993×10^{-6}
转换因子	CF	kg/mg	10^{-6}		
皮肤暴露面积	SA	cm^2/day	3300		
土壤-皮肤黏滞常数	AF	mg/cm^2	0.2		
皮肤吸附常数	ABS	unitless	1.0%		
土壤颗粒摄入率	I_{sp}	mg/day	100		

5.4.5　结果与讨论

5.4.5.1　土壤中的铬含量

由土壤铬测定结果(表5-3)可知，在整个研究区域中土壤铬的变化区间较大（90~6200 mg/kg）。土壤中的总铬平均值高于当地的土壤铬背景值68 mg/kg，特别是工业地区，总铬含量为656 mg/kg至3500 mg/kg，明显高于土壤环境质量标准(总铬含量不大于250 mg/kg)，其平均值(1910 mg/kg)已达到了该标准的7.66 倍。在农业区，总铬含量同样比较高，其平均值(986 mg/kg)已达到该标准值的两倍有余。居民区土壤总铬含量与前两者相比较低，平均值为105 mg/kg，表明研究区土壤中总铬主要在工业区及农业区中积累。

对于水溶性Cr(Ⅵ)的含量，工业区与农业区同样要高于居民区。并且，工业区水溶性Cr(Ⅵ)含量是居民区的115倍。然而，农业区与居住区中水溶性Cr(Ⅵ)含量相差并不大，这也许是由两个区域中土壤的pH都较低引起的。

表5-3　土壤样品中的总铬和水溶性Cr(Ⅵ)含量

区域	n	pH (1:1)	总Cr含量/($mg \cdot kg^{-1}$)			水溶态Cr(Ⅵ)含量/($mg \cdot kg^{-1}$)		
			最小值	最大值	平均值	最小值	最大值	平均值
区域Ⅰ	8	9.69	656	3500	1910	0.5	252	80.4
区域Ⅱ	61	6.64	189	6200	986	0.1	1.7	0.6
区域Ⅲ	10	6.58	90.0	117	105	0.1	1.1	0.7

5.4.5.2　不同蔬菜对铬的累积作用

蔬菜中铬含量为2.1 mg/kg至18.8 mg/kg，平均值为11.1 mg/kg。根据国家环保局所定的食物中铬的最大含量标准0.5 mg/kg(干重)，本研究中的所有蔬菜样品均已超过了该标准。

表5-4显示不同蔬菜对铬的富集能力各不相同。铬含量在不同蔬菜中的含量顺序依次为：白菜 > 莴苣 > 芹菜，因此，白菜对铬的富集能力最强。这与Zayed和Terry等的研究相似，他们在所研究的11种蔬菜之中，Brassicaceae属(例如：白菜，花椰菜，甘蓝等)植物对铬的富集能力最强。另外，Kumar等通过研究指出，Brassica属植物对Pb、Cr、Cd、Ni、Zn和Cu等重金属均具有非常强的富集能力。本章的结果同时显示莴苣也具有较强的铬富集作用。金属摄入量与人类的饮食习惯和饮食相直接相关。因此，该研究区的蔬菜重金属污染，特别是白菜和莴苣的铬污染，应该引起当地居民和相关部门的重视。

表5-4　蔬菜中的铬含量，居民日均摄入铬量和蔬菜饮用引起的健康风险

蔬菜	n	总Cr浓度/($mg \cdot d^{-1}$)			总Cr日摄入量/($mg \cdot d^{-1}$)			食用含Cr蔬菜的健康风险/(干重，$mg \cdot d^{-1}$)		
		最小值	最大值	平均值	最小值	最大值	平均值	最小值	最大值	平均值
芹菜	6	2.10	9.30	6.50	1.71×10^{-3}	7.58×10^{-3}	5.29×10^{-3}	1.95×10^{-5}	8.62×10^{-5}	6.02×10^{-5}
莴苣	6	6.30	18.8	11.8	9.86×10^{-3}	2.94×10^{-2}	1.85×10^{-2}	1.12×10^{-4}	3.35×10^{-4}	2.10×10^{-4}
白菜	6	12.0	17.8	14.9	5.50×10^{-2}	8.15×10^{-2}	6.82×10^{-2}	6.25×10^{-4}	9.27×10^{-4}	7.76×10^{-4}

在所有蔬菜样品中均未检测出Cr(Ⅵ)。根据Zayed等的研究结果，许多分别用Cr(Ⅵ)和Cr(Ⅲ)灌溉的蔬菜，不管栽培多长时间，均未检测出Cr(Ⅵ)、

Cr(Ⅴ)，或者Cr(Ⅳ)态的铬，而仅检测出Cr(Ⅲ)。这些结果表明，植物能够把环境中的有毒物CrO_4^{2-}转化为无毒或低毒态的Cr(Ⅲ)。

5.4.5.3　铬渣致癌健康风险

对该企业的铬渣化学组成分析结果显示，其中的Cr(Ⅵ)占铬渣质量分数为0.3%～0.5%。由于露天堆放及风化作用，使周围空气的颗粒物上附着有Cr(Ⅵ)粉尘，因而被人体呼吸道摄入后产生健康风险。由于Cr(Ⅵ)经呼吸摄入途径进入人体将产生致癌风险，因此，本书对铬渣露天堆放可能对工厂工人产生的致癌风险进行了评估。铬渣经呼吸道产生的人类致癌风险由以下公式计算：

$$Cancer\ risk = CDI_{\text{inhalation}} \times SF = (D_{\text{PM}} \times M_{\text{PM}} \times IR \times ET) \times \frac{EF \times ED}{BW \times AT} \times SF \quad (5-5)$$

式中：$CDI_{\text{inhalation}}$为以呼吸途径的终生日平均摄入剂量，mg/(kg·d)；D_{PM}为空气中可吸入颗粒物的含量(对于室外，D_{PM}为该区域PM_{10}的年平均含量0.111×10^{-6} kg/m^3)；M_{PM}为可吸入颗粒上的污染物浓度［当灰尘中污染物由渣场引起时，该值与渣中Cr(Ⅵ)含量(mg/kg)相同］；SF为致癌斜率因子，(kg·d)/mg，Cr(Ⅵ)为42(kg·d)/mg。风险评价中的详细参数值见表5-5。

表5-5　健康风险评价参数

参　数	符号	单位	值
体重	BW	kg	58.6
暴露持续时间	ED	year	41.5
平均暴露时间	AT	day	365×41.5
暴露频率	EF	day/year	230
呼吸率	IR	m^3/day	17
日均暴露时间	ET	h/24h	8
室外可吸入颗粒物浓度	D_{PM}	kg/m^3	0.111×10^{-6}

美国环境局设定的最高风险阈值为10^{-6}，当风险计算值高于此阈值时，则认为该污染物对人体有致癌风险。对铬渣风险值计算表明，该铬渣堆场对厂区工人的致癌风险高达0.0204～0.0341，超出最高允许阈值数万倍。可见，该渣场对于厂区工人的健康存在潜在风险。因此，工厂工人应该采取防护措施，尽量避免呼吸道对含铬颗粒的摄入。相关部门也应该对铬渣堆场的封闭、隔离、防渗等采取一定措施，并对铬渣进行综合治理。

5.4.5.4 不同土地类型健康风险

由于蔬菜样品中未发现Cr(Ⅵ)，因此采用总铬的 *RfD* 值，1.5 mg/(kg · d)，进行蔬菜的健康风险评价。根据调查问卷结果，白菜、莴苣和芹菜摄入量占当地居民蔬菜摄入总量的25% ~35%，因此本研究中采用30%。同时，芹菜、莴苣、白菜摄入量比值约为1∶4∶5。另外，芹菜、莴苣和白菜的转换因子经测定依次为：0.0787，0.0378 和 0.0885。

对于非致癌风险，工业区、农业区、居住区的 *HQ* 均值分别为0.035、0.0013和0.00054，均低于临界值1。在三个区域中，工业区的风险值较高，最大值为0.11。对于致癌风险，三个区域的平均风险值分别为 5.4×10^{-4}、2.3×10^{-6} 和 1.4×10^{-5}，明显高于临界值 10^{-6}。另外，工业区和居民区的最小致癌风险值也分别达到了 3.3×10^{-6} 和 2.0×10^{-6}，均超过了上述临界值。更重要的是，工业区的最大致癌风险值达到了 1.7×10^{-3}，是最高容许值的1000 余倍。这一结果表明，该区域的铬污染，特别是工业区污染，对人类的健康存在较大的危害。

5.4.5.5 不同暴露途径健康风险

不同暴露途径的风险值(*HQ*)各不相同，皮肤对土壤接触的风险值最低(占 *HQ* 的4.8% ~5.4 %)，灰尘呼吸道吸入占总风险值 *HQ* 的12.4% ~21.1%，而绝大部分的风险值来自于口腔摄入(大于74%)。

日均蔬菜铬摄入量(*DIC*)介于0.067 mg/d 和0.12 mg/d 之间，最小 *DIC* 来自芹菜（均值0.0053 mg/d），最大值来自白菜(均值0.068 mg/d)（表5-6)。虽然本研究区域的 *DIC* 要高于以往的文献报道(0.006 mg/d 至 0.03 mg/d)，但该 *DIC* 仍低于美国营养协会的推荐值（Cr^{3+}，0.05 mg/d 至0.2 mg/d)。另外，蔬菜摄入风险 *HQ* 的最高值来自白菜，而低风险来自芹菜。但这些风险值均小于1，因此对人体并不存在明显风险。但是，由于高摄入量及高风险的蔬菜都是白菜，而白菜又是当地重要的食用蔬菜种类，因此有必要引起相关部门的重视。

表5-6 不同区域和不同途径的致癌及非致癌健康风险

健康风险	区域Ⅰ			区域Ⅱ			区域Ⅲ		
	最小值	最大值	平均值	最小值	最大值	平均值	最小值	最大值	平均值
口腔	1.8×10^{-4}	9.1×10^{-2}	2.9×10^{-2}	4.1×10^{-5}	6.9×10^{-4}	2.5×10^{-4}	5.7×10^{-5}	6.3×10^{-4}	4.0×10^{-4}
呼吸	2.7×10^{-5}	1.4×10^{-2}	4.4×10^{-3}	3.2×10^{-6}	5.4×10^{-5}	1.9×10^{-5}	1.6×10^{-5}	1.8×10^{-4}	1.1×10^{-4}
皮肤	1.2×10^{-5}	6.0×10^{-3}	1.9×10^{-3}	2.7×10^{-6}	4.6×10^{-5}	1.6×10^{-5}	3.8×10^{-6}	4.1×10^{-5}	2.6×10^{-5}
蔬菜	—	—	—	7.6×10^{-4}	1.3×10^{-3}	1.0×10^{-3}	—	—	—
非致癌	2.2×10^{-4}	1.1×10^{-1}	3.5×10^{-2}	8.07×10^{-4}	2.09×10^{-3}	1.28×10^{-3}	7.7×10^{-5}	8.5×10^{-4}	5.4×10^{-4}
致癌	3.3×10^{-6}	1.7×10^{-3}	5.4×10^{-4}	3.9×10^{-7}	6.6×10^{-6}	2.3×10^{-6}	2.0×10^{-6}	2.2×10^{-5}	1.4×10^{-5}

5.4.5.6 评价中的不确定性

铬在土壤和蔬菜中的风险评价结果的统计分析如表5-7和表5-8所示，环境管理与决策部门应该掌握表中的相关风险范围。另外，在风险评价中还存在许多不确定性:①Cr(Ⅵ)只测定了水溶态；②没有考虑其他价态的铬；③蔬菜摄入量仅通过半定量的问卷调查获得；④Cr(Ⅵ)经呼吸道的吸入量由计算求得，而非实测；⑤其他途径（例如，饮用已污染地下水，使用已污染地表水淋浴与清洗等）。

表5-7 健康风险评价结果的统计分析

区域	统计类型	口腔	呼吸	皮肤	*HQ*	致癌风险
区域Ⅰ	标准差	2.82×10^{-2}	4.26×10^{-3}	1.86×10^{-3}	3.43×10^{-2}	5.24×10^{-4}
	中值	2.50×10^{-2}	3.77×10^{-3}	1.65×10^{-3}	3.04×10^{-2}	4.64×10^{-4}
	第90百分位	5.24×10^{-2}	7.92×10^{-3}	3.46×10^{-3}	6.38×10^{-2}	9.74×10^{-4}
	第95百分位	7.14×10^{-2}	1.08×10^{-2}	4.71×10^{-3}	8.69×10^{-2}	1.33×10^{-3}
区域Ⅱ	标准差	1.25×10^{-4}	9.74×10^{-6}	8.26×10^{-6}	1.43×10^{-4}	1.20×10^{-6}
	中值	2.04×10^{-4}	1.58×10^{-5}	1.34×10^{-5}	2.33×10^{-4}	1.95×10^{-6}
	第90百分位	4.08×10^{-4}	3.17×10^{-5}	2.69×10^{-5}	4.67×10^{-4}	3.90×10^{-6}
	第95百分位	5.71×10^{-4}	4.44×10^{-5}	3.76×10^{-5}	6.53×10^{-4}	5.46×10^{-6}
区域Ⅲ	标准差	1.96×10^{-4}	5.60×10^{-5}	1.30×10^{-5}	2.65×10^{-4}	6.89×10^{-6}
	中值	4.41×10^{-4}	1.26×10^{-4}	2.91×10^{-5}	5.96×10^{-4}	1.55×10^{-5}
	第90百分位	5.75×10^{-4}	1.64×10^{-4}	3.79×10^{-5}	7.76×10^{-4}	2.02×10^{-5}
	第95百分位	6.00×10^{-4}	1.71×10^{-4}	3.96×10^{-5}	8.11×10^{-4}	2.11×10^{-5}

表5-8 蔬菜摄入引起的健康风险结果的统计分析

统计类型	Cr 日摄入量				食用含 Cr 蔬菜的健康风险			
	芹菜	莴苣	白菜	总量	芹菜	莴苣	白菜	总风险
标准差	2.03×10^{-3}	6.66×10^{-3}	1.01×10^{-2}	6.90×10^{-3}	2.31×10^{-5}	7.58×10^{-5}	1.15×10^{-4}	7.85×10^{-5}
中值	5.58×10^{-3}	1.83×10^{-2}	6.82×10^{-2}	9.24×10^{-2}	6.35×10^{-5}	2.08×10^{-4}	7.76×10^{-4}	1.05×10^{-3}
第90百分位	7.13×10^{-3}	2.52×10^{-2}	7.95×10^{-2}	9.88×10^{-2}	8.11×10^{-5}	2.87×10^{-4}	9.04×10^{-4}	1.12×10^{-3}
第95百分位	7.35×10^{-3}	2.73×10^{-2}	8.05×10^{-2}	9.98×10^{-2}	8.36×10^{-5}	3.11×10^{-4}	9.16×10^{-4}	1.14×10^{-3}

5.5　小结

本章运用前文建立的Cr(Ⅵ)在“渣-土壤-地下水”系统中的迁移模型，在时间范围上对健康风险评价进行推广，对其进行动态风险评估与预测；另外，利用GIS和空间分析技术，在空间上对健康风险评价进行拓展。同时，综合利用直接暴露与间接评价方法对渣、土壤、植物以及地下水中Cr(Ⅵ)的人类健康风险进行了评估。结果表明：

(1)对铬渣健康风险计算表明，该铬渣堆场对厂区工人的致癌风险高达0.0204~0.0341，超出最高允许阈值数万倍。可见，该渣场对于厂区工人的健康存在潜在风险。因此，工厂工人应该采取防护措施，尽量避免呼吸道对含铬颗粒的吸入。相关部门也应该对铬渣堆场的封闭、隔离、防渗等采取一定的措施，并对铬渣进行综合治理。

(2)本章对该企业外的土壤、蔬菜等的铬污染进行了调查。结果表明，工业区和农业区土壤中铬浓度明显高于居住区，且明显高于土壤环境质量标准。蔬菜中的铬含量也高于容许值三倍多，白菜在几种常见的蔬菜中对铬的富集能力最高。

(3)对铁合金附近的土壤进行了基于土地利用类型的风险评价。结果表明，重风险主要在工业区，居住区最轻。在直接土壤暴露的三个途径中，经口腔摄入所具风险最大。对于蔬菜摄入，白菜比其他蔬菜具有更大的健康风险。风险评价结果显示，该地区铬污染产生的健康风险严重，特别是工业区的致癌风险。

(4)植物将环境中有致毒作用的Cr(Ⅵ)转化为无毒的Cr(Ⅲ)。风险评价结果显示，蔬菜摄入所产生的健康风险较小，低于容许值。然而由于致癌风险高，并还有其他许多途径的健康风险并未考虑，因此该地区的铬污染应该引起当地居民和相关部门的足够重视。

(5)根据所建立的地下水Cr(Ⅵ)迁移模型，对由饮用地下水引起的人类健康风险进行了历史与现状评估。结果表明，成人在1966年、1985年和2009年的风险最高值分别达到了71.2、83.0和86.1，超过最高允许风险值70余倍；而儿童在1966年、1985年和2009年的风险最高值分别达到了153、178和185，是同时期成人风险的两倍多。且随着时间的推移，成人与儿童的最大风险值均不断增高，健康风险日益增大。且污染区绝大部分风险值均大于5，可见Cr(Ⅵ)具有很大毒性，对人类健康危害严重，特别是儿童这一脆弱群体，更应该引起当地居民与相关部门的重视。

(6)由于以往的健康风险评价局限于对已有评价方法的应用，而本研究通过对评价方法进行时空拓展，这不仅有利于正确评估环境中铬污染经各种途径对人体健康产生的风险，还具有重要的理论意义和实用价值。

第 6 章 基于 GIS 的健康风险评价预警管理平台研究

6.1 引言

生态系统在自然过程和人类活动的共同作用下处于不断地演替状态。近现代科学技术的进步赋予了人类改变世界前所未有的能力，人类活动的影响已成为生态系统演化的主要动力。人类不合理的经济活动，如对资源的过分掠夺、大量未经处理的重金属废弃物和生活垃圾的排放，造成了生态系统水土污染的快速恶化。这种变化往往在时间上表现为从量变到质变的过程，包括渐变、突变、连续、间断、波动、周期、累积等演变形式。以上变化一旦达到一定的程度，就难以逆转，并将给人类以报复，对人类自身造成危害。因此，控制生态系统污染恶化的最有效途径是防患于未然，即在其发生退化质变之前，就及时预告、报警，采取有效抑制、减缓、控制与整治的措施，变逆向演替为正向演替，从而使生态系统步入良性循环；对一个需要整治与修复的生态系统，当对其进行及时治理时，其所需要进行的复杂工作与需投入的资金也往往比积重难返的整治与修复要省得多。

本章在前文研究的基础之上，利用 GIS 的空间分析和组件二次开发技术，将铬在“渣－土壤－地下水”中的迁移模型以及时空拓展后健康风险评价理论与方法集成至一个软件平台下，搭建起了一个统一的建模环境，并对研究区内的环境风险进行评价与预测，预报不正常状态的时空范围与危害程度，尤其针对铬渣堆放所导致的生态系统负向演替、退化，甚至恶化状态作出及时的预警，以期在系统退化质变之前，及时发现问题，从而主动地采取措施减少或避免环境污染对健康的危害，为宏观决策部门的科学决策提供科学、有效的支持。

6.2　系统逻辑结构

根据评价与预警系统的基本原理建立了一个多维度的复合结构模型（图6－1）。该系统的逻辑结构包括指标、空间、时间和层次四个维度，分别代表了评价与预警原理、空间尺度、时间尺度和评价与预警的对象四层涵义。其中，指标维度基本流程是：监控警源、识别警兆、分析警情和预报警度；时间维度根据迁移模型、历史时期、间隔长短等的不同分为历史评价、现状评价、短期预警和中长期预警四个阶段；空间维度利用GIS技术对预警状态空间数据进行分析；层次维度从污染预警对象的角度进行划分，并随着不同类型污染事件的发生而逐渐丰富，主要包括单因子、多因子和综合评价与预警三大类。

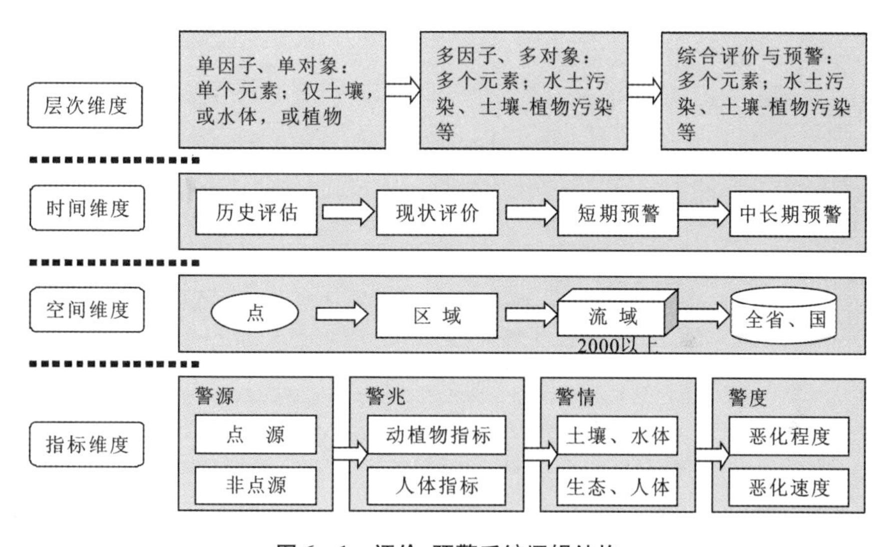

图6－1　评价、预警系统逻辑结构

6.3　系统总体架构

该系统以C/S（客户/服务器）为基本结构，软件架构可分为操作系统层、数据层、业务层和用户层（图6－2）。操作系统层中服务器操作系统采用Windows 2003 Server，客户端操作系统为Windows 2000及以上系统。数据层中的服务器采用SQL Server 2000数据库与ArcSDE 9.0空间数据引擎，两者结合，共同负责空间数据及非空间数据存储；为尽量减少客户端与服务器端的频繁交互，客户端采用单机模式的Microsoft Access数据库。业务层通过ADO.NET和ArcEngine组件，与空间数据库进行联结，负责数据处理、模型计算、空间分析等操作，用户不直接与数据接触。用户层，采用 ArcEngine 控件作为主要的图形界面，展示和运行系统的各项功能。整个系统在数据库、组件开发以及可视化表达等方面都基于 GIS 技术。

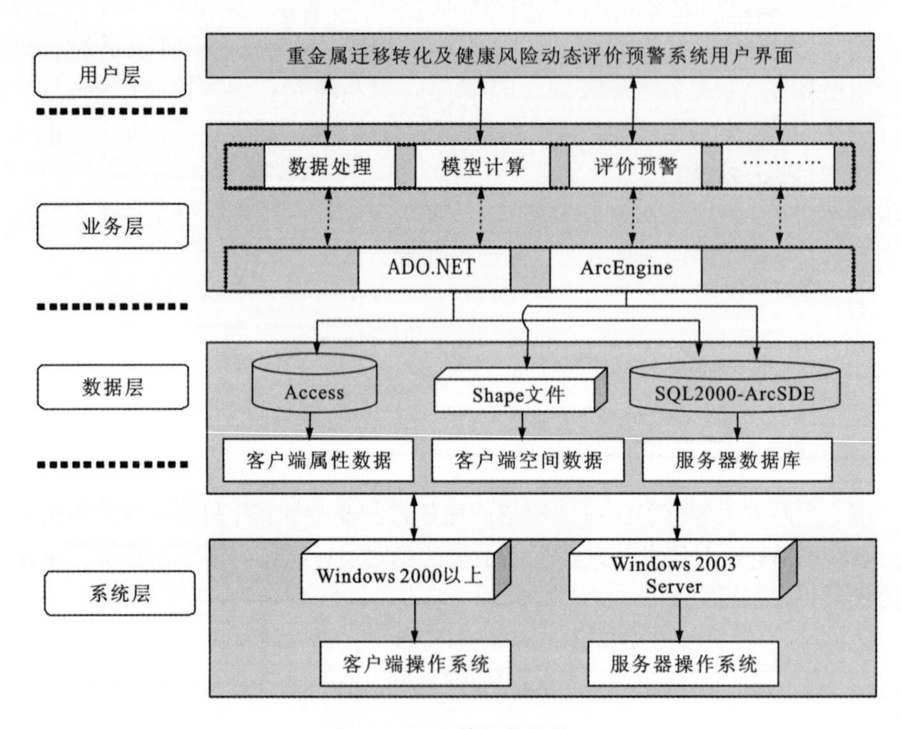

图6-2 系统总体架构

6.4 系统功能组成及示例

本系统的构建不但要求能有效保证或提高其常规风险管理职能的作用，而且要求有其独特的功能：①模型间的紧密连接；②不同模型所需数据格式之间的转换；③数据输入、迁移模型、评价与预警预报方法以及结果输出等各操作流程的协调与衔接。系统功能菜单和图层管理方式如图6-3所示。

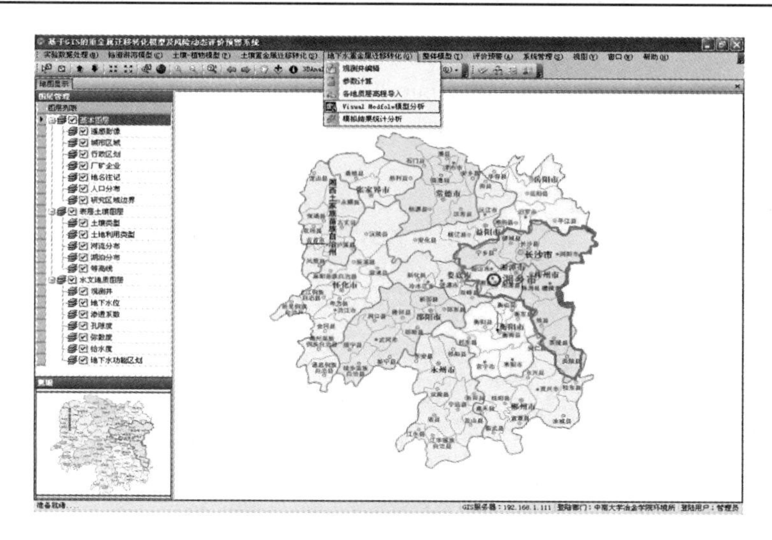

图6－3　系统功能菜单及主界面

6.4.1　系统登陆与用户权限管理

用户权限的设置有利于维护数据的完整性和安全性，有利于各操作人员或者部门之间的协作，对信息的共享以及系统的稳定运行都具有重要的意义。本系统中的用户权限包括对数据的增加、删除、修改、查询、打印，模型参数的调整，输出文件数据结构的更改、风险评价中暴露参数的更改、预警模块中级别的划分等操作。系统给不同的用户角色不同的操作权限。用户角色通过登陆时的用户名进行体现(图6－4)。

图6－4　系统登陆界面

6.4.2 监测及采样数据管理

采样数据录入模块包括采样点的实地照片、录像、样品采集的时间、地点、天气情况、经纬度、物理化学性质以及化学成分等分析数据(图6－5)。采样点的属性数据存储于 SQL Server 数据库中，照片和多媒体数据以二进制数据流的方式进行读取、修改和存储。空间数据以.shp 格式通过 GIS 的空间数据库引擎 ArcSDE 进行存储。空间数据与属性数据之间通过建立统一索引进行关联。

图6－5 采样数据录入与浏览

采样点的空间位置由 GPS 定位确定，并由本系统的 GPS 数据导入功能向数据库上载。而其他属性数据通过录入界面进行存储。数据存储完后可以灵活地进行查询、浏览、增加、删除、统计汇总和打印输出等操作。

6.4.3 MATLAB 与.NEF 集成编程

MATLAB 以强大的可视化功能、科学计算和开放式可扩展环境，已成为算法研究、计算机辅助设计的分析和应用开发的基本工具和首选平台。而.NET 则是当今软件开发的主流平台，若能在.NET 中使用 MATLAB 工具箱，则可使两者的功能发挥得更好。

由于 MATLAB 将其许多功能用自带的 COM Builder 工具自动转换生成组件，以供其他程序使用。因此，本系统通过 MATLAB 在系统注册表中定义的名字

Prog ID在 .NET 中将 MATLAB 自动化服务器作为共享服务器。利用 COM (Component Object Model, 组件对象模型)方法使 MATLAB 自动化服务器与.NET之间的数据通过 COM 数据接口进行通信。然后，在本系统中，利用 MATLAB 中的神经网络工具箱，对铬渣中的 Cr(Ⅵ)淋溶总量进行仿真与预测(图6-6)。

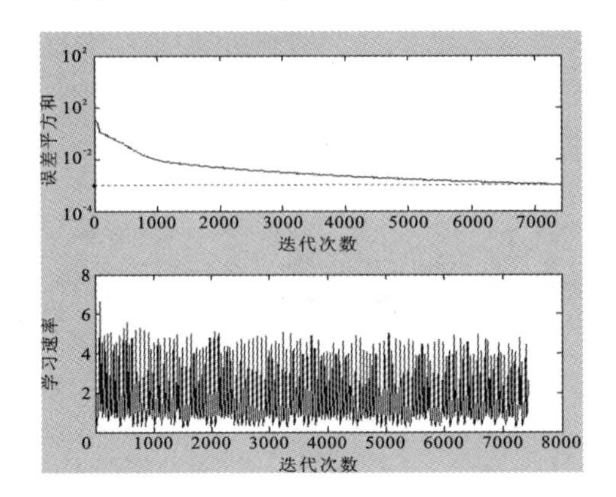

图6-6　系统调用 MATLAB 神经网络工具箱仿真与预测铬渣中六价铬淋溶总量

6.4.4　遗传算法对淋溶模型的优化

本系统通过编程，实现了遗传算法对铬渣淋溶模型的优化功能。在本程序中，综合了轮盘赌选择、随机竞争选择、随机联赛选择以及随机遍历取样等方法；在染色体交叉算法中实现了单点交叉、两点交叉以及平均交叉等。该程序运行稳定，操作方便，具有较高的应用价值(图6-7)。

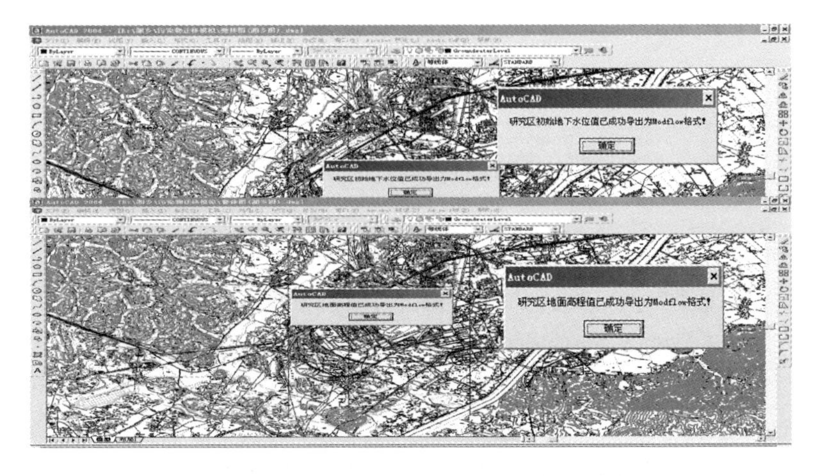

图6-7　CAD导出地下水迁移模型所需数据

6.4.5　AutoCAD 宏开发与 Modflow 集成

Modflow 建立模型过程中，需要输入研究区域的地面高程、各地层的底板高程以及地下水位分布、初始浓度分布、水动力参数空间分布、土壤及岩层等的特性数据、观测井和抽水井分布等数据。这些数据资料很多都是以 AutoCAD 格式存在的。若通过手工输入，势必需要耗费大量的时间与精力，对于大面积的迁移模拟，则手工输入更是不现实。因此，本书通过宏语言，对 AutoCAD 进行二次开发，编写了适合 Modflow 地下水迁移模拟的众多数据导入工具，极大地减少了模型建立的时间，提高了模型应用的效率，同时很好地保证了模型参数及初始数据输入的准确性，如图 6－8 所示。

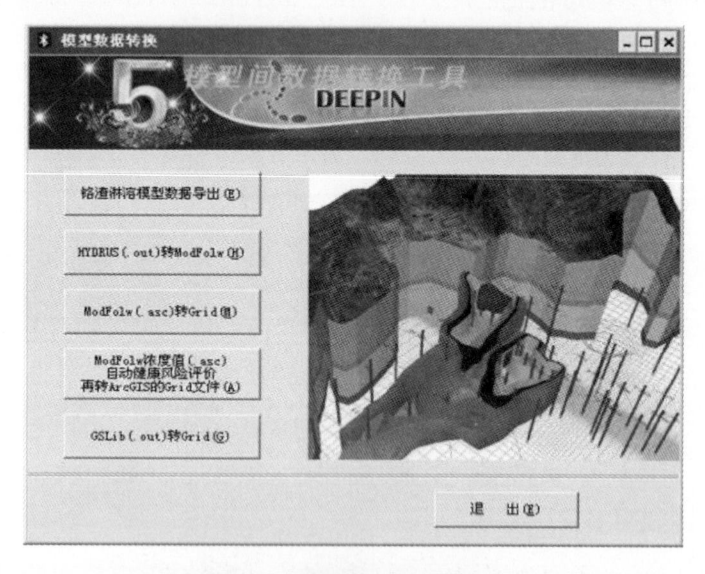

图 6－8　模型间数据转换工具

6.4.6　系统集成开发

集成开发是本系统建设的创新点之一。基于 GIS 的动态健康风险评价预警系统建设是一个复杂的系统工程，需要对不同的开发模块、模型、子系统等进行系统集成，如 GIS 模块、专用数据库、铬渣淋溶模型、土壤与地下水迁移模型以及评价预警模型等进行集成，通过总控程序构筑系统的软件运行环境，实现模型与系统的紧密集成，辅以友好人机界面和人机对话过程，完成系统的各项功能。

模型的集成技术是本系统设计的难点，同时也是系统建设的关键技术，主要从以下几方面考虑：①模型组件化设计，使程序运行与用户界面分离，不在运行过程中进行人机对话；②模型的参数、模型计算的结果等数据信息尽量存储到数据库中，与模型程序分离；③为了获得真正统一的建模环境，必须建立模型之间以及模型与GIS之间的转换连接。本系统集成了多个迁移模型和健康风险评价预警方法，由于各模型软件之间数据输入、输出的文件格式或数据结构不一致，倘若将各模型简单地集成，则会出现模型间耦合困难的问题，因而模型之间的有效通信和数据格式之间的轻松转换显得尤为重要。本书结合长期的模型应用与模拟实践，通过编程开发了功能强大的模型间数据转换的工具集(图6-8)，为模型之间的无缝耦合提供坚实的基础。

另外，系统的数据库集成包括监测与实验分析数据库、调试方案数据库和调试预案库的集成。因系统软件复杂，软件对模型的集成和调用需要良好的封装组件技术，包括对.NET组件技术、AutoCAD、MATLAB、HYDRUS以及Modflow等的集成。

6.4.7 风险动态评价与预警

风险动态评价与预测的工作原理与流程在第5章的5.4.1节中已有论述。本系统将迁移模型与健康风险评价方法结合，同时参考风险评价中的预警指标，对风险除进行评价外，进一步实现预测与警报(图6-9)。

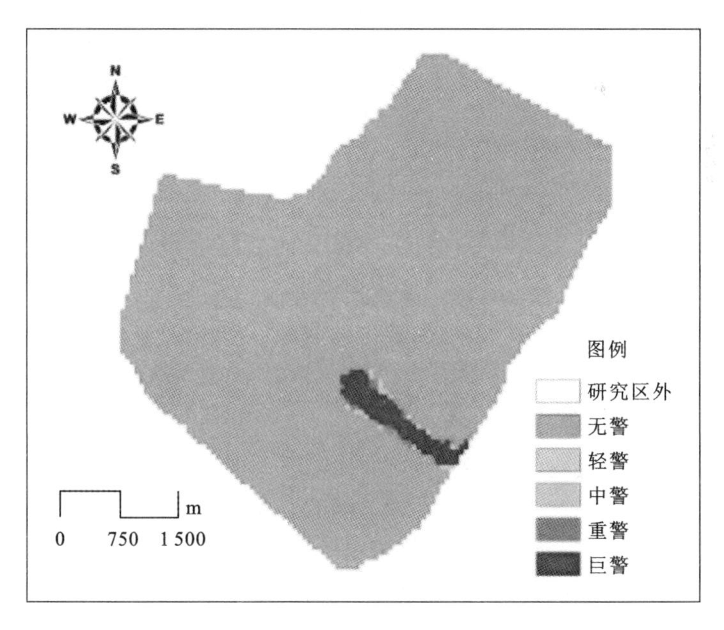

图6-9 风险预警示例

6.5 小结

本章在前文研究的基础之上，利用 GIS 的空间分析与组件开发技术，将 Cr(Ⅵ)在“渣－土壤－地下水”中的迁移模型以及经时空拓展后的健康风险评价理论与方法集成至同一个软件平台下，搭建起了一个统一的建模环境，并对研究区内的环境风险进行评价与预警。

(1)根据评价与预警系统的基本原理建立了一个多维度的复合结构模型。该系统的逻辑结构包括指标、空间、时间和层次四个维度。

(2)系统以 C/S(客户/服务器)为基本结构，软件架构可分为操作系统层、数据层、业务层和用户层。其中数据层服务器采用 SQL Server 数据库与 ArcSDE 空间数据库引擎，两者结合共同负责空间数据及非空间数据的存储；业务层通过 ADO. NET 和 ArcEngine 组件，与空间数据库进行联结。

(3)系统通过对 MATLAB 与 . NET 集成编程、遗传算法实现、AutoCAD 宏开发与 Modflow 集成、模型间数据转换工具开发以及风险动态评价与预警等的实现，为保证模型的有效运行，以及模型之间的无缝耦合提供了坚实的基础。

(4)所搭建的基于 GIS 的、集成迁移模型的、区域动态的环境风险动态评价预警综合管理平台，使人类活动与生态、人体健康等重大环境问题的研究纳入一个完整的大系统，有利于更好地揭示原因、本质和规律，为环境风险作出准确的评价和预测，使环境管理中重大问题的决策更具科学性。

参考文献

[1] 仲维科，樊耀波，王敏健. 我国农作物的重金属污染及其防止对策[J]. 农业环境保护，2001，20(4)：270－272.

[2] 武正华，张宇峰，王晓蓉. 土壤重金属污染植物修复及基因技术的应用[J]. 农业环境保护，2002，21(1)：84－86.

[3] 曲日. 土壤污染该如何处理[J]. 民防苑，2007，3：29－30.

[4] 尹国勋，李振山. 地下水污染与防治——焦作市实证研究[M]. 北京：中国环境科学出版社，2005.

[5] 古昌红，单振秀，丁社光. 铬盐生产基地对水体污染的研究[J]. 矿业安全与环保，2006，33(4)：18－20.

[6] 石磊，赵由才，牛冬杰. 铬渣的无害化处理和综合利用[J]. 中国资源综合利用，2004，10：5－8.

[7] 汤克勇. 铬的污染源及其危害[J]. 皮革科学与工程，1997，7(1)：33－37.

[8] 廖敏，黄昌勇，谢正苗. pH对镉在土水系统中的迁移和形态的影响[J]. 环境科学学报，1999，(19)：81－86.

[9] 韩怀芬. 铬渣水泥固化及固化体浸出毒性的研究[J]. 环境污染治理技术与设备，2002，3(7)：9－12

[10] 梁爱琴. 铬渣的治理与综合利用[J]. 中国资源综合利用，2003，1：15－18.

[11] 石磊. 铬渣的治理与利用[J]. 中国资源综合利用，2004，10：5－8.

[12] 陈传红. 21世纪初期中国环境保护与生态环境建设科技发展战略研究[M]. 北京：中国环境科学出版社，2001.

[13] 王威，刘东华，蒋悟生. 铬污染地区环境对植物生长的影响[J]. 农业环境保护，2002，21(3)：257－259.

[14] 黄顺红. 铬渣堆场铬污染特征及其铬污染土壤微生物修复研究[M]. 长沙：中南大学冶金科学与工程学院，2009.

[15] 王里奥，裴廷权，钟山. 典型铬渣简易掩埋场铬渣及土壤铬污染特征和处置分析[J]. 环境工程学报，2008，2(7)：994－999.

[16] 曲东，罗建峰. 青海海北化工厂铬渣堆积场土壤铬污染状况研究[J]. 西北农业学报，2006，15(6)：244－247.

[17] 张辉, 马东升. 南京某合金厂土壤铬污染研究[J]. 中国环境科学, 1997, 17(1): 80-82.

[18] 汤克勇. 铬的污染及其危害[J]. 皮革科学与工程, 1997, 7(1): 33-37.

[19] WHO. Chromium in drinking-water. Background document for preparation of WHO Guidelines for drinking-water quality[M]. Geneva: World Health Organization, 2003.

[20] 胡望均. 常见有毒化学品环境事故应急处理技术与监测方法[M]. 北京: 中国环境科学出版社, 1993.

[21] Petrilli FL, De FS. Toxicity and mutagenicity of hexavalent chromium on Salmonella typhimurium[J]. Applied and Environmental Microbiology, 1977, 33: 805-809.

[22] Lee PS, Gibb HJ, Pinsky PF. Lung cancer among workers in chromium chemical production[J]. American Journal of Industrial Medicine, 2000, 38: 115-126.

[23] 纪柱. 铬的健康、安全、环境指南[J]. 铬盐工业, 2003, 2: 1-41.

[24] 韩英魁. 环保治理, 刻不容缓[J]. 铬盐工业, 2002, 2: 22-30.

[25] 史黎薇. 铬化合物的健康效应[J]. 中国环境卫生, 2003, 6(1-3): 125-129.

[26] 徐文彬. 铬渣解毒与氧化铬清洁制备工艺的研究[M]. 长沙: 中南大学出版社, 2012.

[27] Graf T, Therrien R. Variable-density groundwater flow and solute transport in porous media containing nonuniform discrete fractures [J]. Advances in Water Resources, 2005, (28): 1351-1367.

[28] 赵常兵, 赵霞则, 陈海霞. 溶质运移理论的发展[J]. 水利科技与经济, 2006, 8(12): 502-504.

[29] Grift BV, Griffioen J. Modelling assessment of regional groundwater contamination due to historic smelter emissions of heavy metals[J]. Journal of Contaminant Hydrology, 2008, (96): 48-68.

[30] Shu LC, Hao ZC. Numerical simulation of groundwater dynamics for Songhuajiang River valley in China[J]. Journal of Hydrodynamics, Ser. B, 2004, 16(3): 332-335.

[31] Zhang QF, Wang YM, Xu YF. Seepage analysis of landfill foundations in Shanghai Laogang landfill phase IV[J]. Journal of Hydrodynamics, 2006, 18(5): 613-619.

[32] 隋红建, 饶纪龙. 土壤溶质运移的数学模拟研究-现状及展望[J]. 土壤学进展, 1992, 20(5): 1-7.

[33] Rao S, Mathur S. Modeling heavy metal (Cadmium) up take by soil-plant root system[J]. Journal of Irrigation and Drainage Engineering, 1994, 120 (1): 89-96.

[34] Nedunuri KV, Govindaraju RS, Erikson LE. Modeling of heavy metal movement in vegetated, unsaturated soils with emphasis on geochemistry [J]. In: the 10th annual conference on hazrdous waste research. 1995: 57-66.

[35] Kedziorek MAM, Dupuy A, Bourg ACM. Leaching of Cd and Pb from a polluted soil during the percolation of EDTA: laboratory column experiments modeled with a non-equilibrium solubilization step[J]. Environmental Science & Technology, 1998, 32: 1609-1614.

[36] Nofziger DL, Rajender K, Sivaram K. CHEMFLO one dimensional water and chemical movement in unsaturated soils. 1989 [cited; Available from: http: //www. epa. gov/ada/

csmos/models/chemflo. html.

[37] Nofziger DL, Wu JQ, Robot S. CHEM FLO – 2000 Interactive software for simulating water and chemical movement in unsaturated soils. 2003 [cited; Available from: http: //www. epa. gov// ada//csmos//models//chemflo2000. html.

[38] Zeng H, Alarcon VJ, William K. A web – based simulation system for transport and retention of dissolved contaminants in soil [J]. Computers and Electronics in Agriculture, 2002, 33 (1): 105 – 120.

[39] Gour – T syh Yeh, Cheng JR. 2DFATMIC User manual of two – dimensional subsurface flow, Fate and transport of microbes and chemicals model. 1997 [cited; Available from: http: // www. epa. gov//ada//csmos//models//2dfatmic. html.

[40] Semunek J, Sejna M, van Genuchten MT. Simulating water flow and solute transport in two dimensional variably saturated media [J]. In: International ground water center. Golden Colorado. 1999.

[41] Selim HM, Amacher MC, Iskander IK. Modeling the transport of heavy metals in soil Hanover, NH Monogragh: U. S [J]. Army Cold Regions Research and Engineering Laboratory. 1990: 90 – 92.

[42] Selim HM, Sparks DL, Ebooks Corporation. Heavy metals release in soils[M]. USA: Lewis Publishers, 2001.

[43] Semunek J, Sejna M, van Genuchten M T. HYDRUS – 1D for windows. 2005 [cited; Available from: http: //www. pc – progress. com.

[44] Pace MN. Geochemical and hydrological reactivity of heavy metals in soils[J]. Vadose Zone Journal, 2004, 3(2): 733.

[45] Simunek J, vanGenuchten MT, Sejna M. Development and applications of the HYDRUS and STANMOD software packages and related codes[J]. Vadose Zone Journal, 2008, 7(2): 587.

[46] Chen MJ, Keller A, Lu ZM. Stochastic analysis of transient three – phase flow in heterogeneous porous media [J]. Stochastic Environmental Research and Risk Assessment, 2009, 23 (1): 93 – 109.

[47] Keller A, Abbaspour KC, Schulin R. Assessment of uncertainty and risk in modeling regional heavy – metal accumulation in agricultural soils[J]. Journal of Environmental Quality, 2002, 31 (1): 175 – 187.

[48] Keller A, von Steiger B, van der Zee S, et al. A stochastic empirical model for regional heavy – metal balances in agroecosystems [J]. Journal of Environmental Quality, 2001, 30 (6): 1976 – 1989.

[49] Keller A, Schulin R. Modelling regional – scale mass balances of phosphorus, cadmium and zinc fluxes on arable and dairy farms[J]. European Journal of Agronomy, 2003, 20(1 – 2): 181 – 198.

[50] Tiktak A, Alkemade JRM, Van Grinsven JJM, et al. Modelling cadmium accumulation at a regional scale in the Netherlands [J]. Nutrient cycling in Agroecosystems, 1998, 50

(1): 209 - 222.

[51] 隋红建, 吴璇, 崔岩山. 土壤重金属迁移模拟研究的现状与展望[J]. 农业工程学报, 2006, 22(6): 197 - 200.

[52] 隋红建, 饶纪龙. 土壤离子吸持机理模型及应用[J]. 土壤学进展, 1995, 23(1): 27 - 31.

[53] 陈煌, 郑袁明, 陈同斌. 面向应用的土壤重金属信息系统(SHM IS) - 以北京市为例[J]. 地理研究, 2003, 22 (3): 272 - 280.

[54] 莫争. 典型重金属Cu、Pb、Zn、Cr、Cd在土壤环境中的迁移转化[D]. 北京: 中国科学院, 2001.

[55] Guclu K, Apak R. Modeling of Copper(II), Cadmium(II), and Lead(II) Adsorption on Red Mud from Metal - EDTA Mixture Solutions[J]. Journal of Colloid and Interface Science, 2000 (228): 238 - 252.

[56] Nestle N, Baumann T, Wunderlich A. MRI observation of heavy metal transport in aquifer matrices down to sub - mg quantities[J]. Magnetic Resonance Imaging, 2003(21): 345 - 349.

[57] 范英宏, 林春野, 何孟常, 周豫湘等. 利用DGT高分辨率研究沉积物孔隙水中重金属的浓度和释放通量[J]. 环境科学, 2007, (28): 2750 - 2757.

[58] Lührmann L, Noseck, Tix C. Model of contaminant transport in porous media in the presence of colloids applied to actinide migration in column experiments[J]. Water Resources Research, 1998, (34): 421 - 426.

[59] Baumann T, Muller S, Niessner R. Migration of dissolved heavy metal compounds and PCP in the presence of colloids through a heterogeneous calcareous gravel and a homogeneous quartz sand - pilot scale experiments[J]. Water Research, 2002, (36): 1213 - 1223.

[60] Wolthoorn A, Temminghoff EJM, Weng L. Colloid formation in groundwater: effect of phosphate, manganese, silicate and dissolved organic matter on the dynamic heterogeneous oxidation of ferrous iron[J]. Applied Geochemistry, 2004, (19): 611 - 622.

[61] 张鑫. 安徽铜陵矿区重金属元素释放迁移地球化学特征及其环境效应研究[D]. 合肥: 合肥工业大学, 2006.

[62] Gu B, Schmitt J, Chen Z, et al. Adsorption and desorption of natural organic matter on iron oxide: mechanisms and models[J]. Environmental Science & Technology, 1994, (28): 38 - 46.

[63] Spark KM, Wells JD, Johnson BB. The interaction of a humic acid with heavy metals[J]. Australian Journal of Soil Research, 1997, (35): 89 - 101.

[64] Eick MJ, Peak JD, Brady WD. The effect of oxyanions on the oxalate - promoted dissolution of goethite[J]. Soil Science Society ofAmerica Journal, 1999, 63: 1133 - 1141.

[65] Christl I, Kretzschmar R. Interaction of copper and fulvic acid at the hematite - water interface [J]. Geochimica et Cosmochimica Acta, 2001, 65: 3435 - 3442.

[66] Coles CA, Yong RN. Humic acid preparation, properties and interactions with metals lead and cadmium[J]. Engineering Geology, 2006, 85: 26 - 32.

[67] Wang S, Mulligan CN. Enhanced mobilization of arsenic and heavy metals from mine tailings by

humic acid[J]. Chemosphere, 2009, 74: 274 - 279.

[68] Chai LY, Yang ZH, Wang YY, et al. Potential - pH diagram for "Leucobacter sp. Ch - 1 - Cr - H_2O" system[J]. Journal of Hazardous Materials, 2008, 157: 518 - 523.

[69] Molla D, Stefan W. Soil and groundwater pollution of an urban catchment by trace metals: case study of the Addis Ababa region, central Ethiopia[J]. Environmental Geology, 2006, 51: 421 - 431.

[70] Postma D. Concentration of Mn and separation from Fe in sediments - I. Kinetics and stoichiometry of the reaction between birnessite and dissolved Fe (II) at 10℃[J]. Geochimica et Cosmochimica Acta, 1985, 49: 1023 - 1033.

[71] Christensen TH, Kjeldsen P, Albrechtsen H, et al. Attenuation of landfill leachate pollutants in groundwater[J]. Critical Reviews in Environmental Science and Technology, 1994, 24(2): 119 - 202.

[72] Thornton SF, Tellam JH, Lerner DN. Attenuation of landfill leachate by UK Tri - assic Sandstone aquifer materials: 1. Fate of inorganic pollutants in laboratory columns[J]. Journal of Contaminant Hydrology, 2000, 43: 327 - 354.

[73] Thornton SF, Tellam JH, Lerner DN. Experimental and modelling approaches for the ssessment of chemical impacts of leachate migration from landfills: A case study of a site on the Triassic sandstone aquifer in the UK East Midlands[J]. Geotechnical and Geotechnical Engineering, 2005, 23: 811 - 829.

[74] Vesper DJ, White WB. Metal transport to karst springs during storm flow: an example from Fort Campbell, Kentucky/Tennessee, USA[J]. Journal of Hydrology, 2003, 276: 20 - 36.

[75] Winde F, van der W, Jacobus I. The significance of groundwater - stream interactions and fluctuating stream chemistry on water borne uranium contamination of streams - a case study from a gold mining site in South Africa[J]. Journal of Hydrology, 2004, 287: 178 - 196.

[76] Schroder TJ, van Riemsdijk WH. Monitoring and modelling of the solid - solution partitioning of metals and As in a river floodplain redox sequence[J]. Applied Geochemistry, 2008, 23: 2350 - 2363.

[77] Wilhelmus HM, Duijnisveld SA, Thilo S, et al. Quantifying the Infl uence of Uncertainty and Variability on Groundwater Risk Assessment for Trace Elements[J]. Vadose Zone Journal, 2007, 6: 668 - 678.

[78] Streck T, Richter J. Heavy metal displacement in a sandy soil at the field scale: II. Modeling[J]. J. Environmental Quality, 1997, 26: 56 - 62.

[79] 薛禹群，戴水汉，谢春红. 地下水资源评价理论与方法研究[M]. 北京：地质出版社，1982.

[80] 薛禹群. 地下水动力学原理[J]. 北京：地质出版社，1986.

[81] 朱峰，薛禹群，吴吉春. 越流含水层系统地下水有毒元素污染数值模拟 - 以太原盆地地下水汞污染为例[J]. 环境科学，1999，(20)：55 - 58.

[82] 冯绍元，王亚平，齐志明. 排水条件下饱和土壤中镉运移实验及其数值模拟[J]. 水利学

报，2004，(10)：89-94.
[83] Bear J. Dynamics of Fluids in Porous Media[M]. New York：Elsevier，1972.
[84] Lee J，de Windt Present state and future directions of modeling of geochemistry in hydrogeological systems[J]. Journal of Contaminant Hydrology，2001，47：256-282.
[85] van der Grift B，Griffioen J. Modelling assessment of regional groundwater contamination due to historic smelter emissions of heavy metals[J]. Journal of Contaminant Hydrology，2008，(96)：48-68.
[86] 陈彦，吴吉春. 含水层渗透系数空间变异性对地下水数值模拟的影响[J]. 水科学进展，2005，16：483-487.
[87] Tsang CF. 非均质介质中地下水流动与溶质运移模拟-问题与挑战[J]. 中国地质大学学报，2000，25：443-450.
[88] 杨金忠，伍靖，蔡树英. 宏观水力传导度及弥散度的确定方法[J]. 水科学进展，2002，13(2)：179-183.
[89] 郑彤，陈春云. 环境系统数学模型[M]. 北京：化学工业出版社，2003.
[90] 段详宝，朱亮. 地下水污染运移数值模拟及最优估计[J]. 水动力研究与进展，1996，11(5)：513-519.
[91] 杨金忠，叶自桐，蔡树英. 区域地下水溶质运移随机理论的研究与进展[J]. 水科学进展，1998，9(1)：85-97.
[92] Buszewski，B，Kowalkowski T. A new model of heavy metal transport in the soil using nonlinear artificial neural networks[J]. Environmental Engineering Science，2006，23：589-595.
[93] Thomas B. Hofstetter SH，Konrad H. Time-dependent life-cycle assessment of slag landfills with the help of scenario analysis：the example of Cd and Cu[J]. Journal of Cleaner Production，2005，13：301-320.
[94] Winfried S. GIS，geostatistics，metadata banking，and tree-based models for data analysis and mapping in environmental monitoring and epidemiology[J]. International Journal of Medical Microbiology，2006，296：23-36.
[95] Kotas J，Stasicka Z. Chromium occurrence in the environment and methods of its speciation[J]. Environmental Pollution，2000，107：263-283.
[96] 李晶晶，彭恩泽. 综述铬在土壤和植物中的赋存形式及迁移规律[J]. 工业安全与环保，2005，31(3)：31-33.
[97] 夏家淇. 土壤环境质量标准详解[M]. 北京：中国环境科学出版社，1996.
[98] 任爱玲，郭斌，刘三学，周保华. 含铬污液在土壤中迁移规律的研究[J]. 城市环境与城市生态，2000，13(2)：54-56.
[99] 李桂菊. 铬在植物及土壤中的迁移与转化[J]. 中国皮革，2004，33(5)：30-34.
[100] 陈英旭，骆永明，朱永官. 土壤中铬的化学行为研究[J]. 土壤学报，1994，31(1)：77-85.
[101] 傅臣家. 再生水灌溉条件下土壤-地下水系统六价铬迁移转化规律研究[D]. 北京：中国农业大学，2007.

[102] Khan AA, Muthukrishnan M, Guha BK. Sorption and transport modeling of hexavalent chromium on soil media[J]. Journal of Hazardous Materials, 2009, 73: 11 - 21.

[103] 高洪阁，李白英，陈丽惠. 铬在土壤和地下水中的相互迁移规律及地下水中铬的去除方法[J]. 环境研究，2002，1：30 - 32.

[104] 赵万有，郑玉兰，关连澧. 铬渣对地下水、土壤、蔬菜污染机制研究[J]. 环境保护科学，1994，20 (1) ：30 - 32.

[105] 李志萍，陈肖刚，沈照理. 污染河流中 Cr(Ⅵ)对浅层地下水的影响研究[J]. 环境科学学报，2006，26(1)：100 - 104.

[106] 宋国慧，史春安. 铬在包气带的垂直污染机理研究[J]. 西安工程学院学报，2001，23(2)：56 - 58.

[107] 郭媛媛. 铬在地下含水层中的迁移转化特征[D]. 吉林：吉林大学，2008.

[108] 位菁. 淋滤作用下铬渣中 Cr(Ⅵ)在地下水中迁移的反应 - 输运模拟研究 - 以湖北某无机盐厂为例[D]. 武汉：中国地质大学，2008.

[109] Shen HY. Modeling of multicomponent transport in groundwater and its application to chromium system[D]. Connecticut: University of Connecticut, 1996 .

[110] 李丽娜. 上海市多介质环境中持久性毒害污染物的健康风险评价[D]. 上海：华东师范大学，2007 .

[111] 牛冬杰，聂永丰. 小型废电池填埋焚烧处置的健康风险分析[J]. 上海环境科学，2002，21(9)：545 - 581.

[112] 段小丽，张楷，钱岩. 人体暴露评价的发展和最新动态[C]//中国毒理学会管理毒理学专业委员会学术研讨会暨换届大会. 北京：中国毒理学会管理毒理学专业委员会. 2009.

[113] Patrizia H, Francesca M, Sabrina A, et al. A molecular epidemiological approach to health risk assessment of urban air pollution[J]. Toxicology Letters, 2004, 149(1 - 3): 261 - 267.

[114] Diggle G. Science and judgment in Risk Assessment[J]. Occupational and Environmental Medicine, 1995, 52: 784.

[115] 胡二邦，姚仁太，任智强. 环境风险评价浅论[J]. 辐射防护通讯，2004，24(1)：20 - 26.

[116] 孟宪林，周定，黄君礼. 环境风险评价的实践与发展[J]. 四川环境，2001，20(3)：1 - 4.

[117] 胡应成. 环境风险评价的技术方法[J]. 中山大学学报论丛，2003，23(1)：99 - 104.

[118] 杨晓松. 环境风险评价的不确定性及其度量[J]. 国外金属矿选矿，1996：53 - 56.

[119] 曾光明，钟政林，曾北危. 环境风险评价中的不确定性问题[J]. 中国环境科学，1998，18(3)：252 - 255.

[120] 彭金定，吴静文，梁国民. 长沙县职业铅污染和城镇铅污染抽样调查[J]. 实用预防医学，2001，8(4)：291 - 292.

[121] 肖风劲，欧阳华，程淑兰等. 中国森林健康生态风险评价[J]. 应用生态学报，2004，15(2)：349 - 353.

[122] 仇付国. 城市污水再生利用健康风险评价理论与方法研究[D]. 西安：西安建筑科技大

学, 2004.
[123] 李静. 重金属和氟的土壤环境质量评价及健康基准的研究[D]. 杭州: 浙江大学, 2006.
[124] 李梅. 不完备信息下的河流健康风险预估模型研究[D]. 西安: 西安理工大学, 2007.
[125] Chai LY, Wang ZX, Wang YY, et al. Ingestion risks of metals in groundwater based on TIN model and dose - response assessment - A case study in the Xiangjiang watershed, central - south China[J]. Science of the Total Environment, 2010, 408(16): 3118 - 3124.
[126] Wang ZX, Chai LY, Wang YY, et al. Potential health risk of arsenic and cadmium in groundwater near Xiangjiang River, China: a case study for risk assessment and management of toxic substances[J]. Environmental Monitoring and Assessment, 2010, 175: 167 - 173.
[127] Wang ZX, Chai LY, Yang ZH, et al. Identifying sources and assessing potential risk of heavy metals in soils from direct exposure to children in a mine impacted city, Changsha, China[J]. Journal of Environmental Quality, 2010, 39 (6): 1616 - 1623.
[128] 王宗爽, 段小丽, 刘平等. 环境健康风险评价中我国居民暴露参数探讨[J]. 环境科学研究, 2009, 22 (10): 1164 - 1170.
[129] 陈述彭. 地球信息科学与区域持续发展[M]. 北京: 测绘出版社, 1995.
[130] 魏加华, 王光谦, 李慈君等. GIS在地下水研究中的应用进展[J]. 水文地质工程地质, 2003: 3 - 20.
[131] Goodchild MF, Parks BO, Steyaert LT. Environmental modeling with GIS[J]. New York: Oxford University Press, 1993.
[132] 唐立松, 张佳宝, 程心俊等. GIS与土壤溶质运移模型结合研究进展[J]. 干旱区地理, 2002, 25(2): 177 - 182.
[133] 赵军, 贾艳红. 国外GIS在地下水管理与研究中的应用和启示[J]. 地下水, 2005, 5 (22): 23 - 26.
[134] Wong CSC, Li XD, Thornton I. Urban environmental geochemistry of trace metals [J]. Environmental Pollution, 2006, 142: 1 - 16.
[135] Giupponi C, Vladimirova I. Ag - PIE: A GIS - based screening model for assessing agricultural pressures and impacts on water quality on a European scale[J]. Science of the Total Environment, 2005, 2(2): 1 - 9.
[136] Ricardo B, Marco V, Guido M, et al. Coupling SoilFug Model and GIS forpredicting pesticide pollution of surface water at watershed level[J]. Environmental Science & Technologh, 2000 (34): 4425 - 4433.
[137] Zamorano M, Molero E, Hurtado A, et al. Evaluation of a municipal landfill site in Southern Spain with GIS - aided methodology [J]. Journal of Hazardous Materials, 2008, 160: 473 - 481.
[138] Miehae P. GIS teehnology of ground - water assessments[J]. Tecbnieal Papers - ACSM - ASPRS Annual Conveniion, Cartography and GIS/LIS, 1991: 243 - 252.
[139] Zhang H, Hann CT, Nofziger DL. Hydrologic modeling with GIS: An overview[J]. Applied Engineering in Agriculture, 1990, 6(4): 453 - 458.

[140] Liao H, Tim US. Interactive water quality modeling within GIS Environment[J]. Computers, Environment and Urban Systems, 1994, 18: 343 - 363.

[141] 魏文秋, 于建营. 地理信息系统在水文学和水资源管理中的运用[J]. 水科学进展, 1997, 8(3): 296 - 300.

[142] 彭盛华, 赵俊琳. GIS 技术在水资源和水环境领域中的应用[J]. 水科学进展, 2001, 12(2): 264 - 269.

[143] 王博. 基于神经网络/ArcGIS Engine 的辽河水环境质量评价与信息系统研究[D]. 西安: 长安大学, 2009.

[144] 盛灿文, 柴立元. 铬渣的湿法解毒研究现状及发展前景[J]. 工业安全与环保, 2006, 32(2): 1 - 3.

[145] Agency for Toxic Substances and Disease Registry (ATSDR). Toxicological profile for chromium. Atlanta, GA[J]: Dept of Health and Human Services, Public Health Service, 2000: 1 - 100.

[146] State Environmental Protection Administration of China and National Development Reform Commission (SEPACNDRC)[M]. The scheme for pollution treatment of the chromium residue: Beijing, China, 2005.

[147] Chai LY, Yang ZH, Wang YY, et al. Potential - pH diagram for "Leucobacter sp. Ch - 1 - Cr - H_2O" system[J]. Journal of Hazardous Materials, 2008, 157(2 - 3): 518 - 523.

[148] Wang YY, Yang ZH, Chai LY, et al. Diffusion of hexavalent chromium in chromium - containing slag as affected by microbial detoxification[J]. Journal Hazard Materials, 2009, 169: 1173 - 1180.

[149] 陈春羽, 彭莉, 王定勇. 模拟酸雨对铬渣中 Cr^{6+} 的淋出影响[J]. 西南大学学报(自然科学版), 2008, 30(1): 104 - 108.

[150] Cote P, Bridle TR, Benedek A. Hazardous and industrial solid waste testing and disposal[M]. Philadelphia: American Society for Testing and Materials, 1986.

[151] Barna R, Moszkowicz P, Gervais C. Leaching assessment of road materials containing primary lead and zinc slags[J]. Waste Manage, 2004, 24: 945 - 950.

[152] van der Sloot HA, Heasman L, Quevauviller P. Harmonisation of Leaching/ Extraction Tests[M]. Amsterdam: Elsevier Science, 1997.

[153] 国家环保局《水和废水监测分析方法》编委会. 水和废水监测分析方法[M]. 北京: 中国环境科学出版社, 1998.

[154] 葛哲学, 孙志强. 神经网络理论与 MATLAB R2007 实现[M]. 北京: 电子工业出版社, 2007.

[155] Lee Tsung - Lin. Back - propagation neural network for the prediction of the short - term storm surge inTaichung harbor, Taiwan[J]. Engineering Applications of Artificial Intelligence, 2008, 21: 63 - 72.

[156] 魏连伟. 基于人工智能技术的地下水系统参数识别研究[D]. 天津: 天津大学, 2003.

[157] 许中坚, 刘广深. 模拟酸雨对红壤结构体及其胶结物影响的实验研究[J]. 水土保持学

报，2002，16(3)：9－13.

[158] 肖利萍. 煤矸石淋溶液对地下水系统污染规律的研究[D]. 辽宁工程技术大学，2007.

[159] 王海峰，薛纪渝. 工业固体废弃物中污染物质重金属淋溶释放模式研究[J]. 环境科学，1994，15(1)：79－87.

[160] Nriagu JO, Pacyna JM. Quantitative assessment of world wide contamination of air, water and soils by trace metals[J]. Nature, 1988, 333(12): 134－139

[161] Mattuck R, Nikolaos P. Chromiummobility in freshwater wetlands[J]. Journal of Contaminant Hydrology, 1996, 23: 213－232.

[162] Nivas B, David A, Shiau B, et al. Surfactant enhanced remediation of subsurface chromium contamination[J]. Water Research, 1996, 30(3): 511－520.

[163] Julita MP, Hursthouse A, Hanna PK. The interaction of heavy metals with urban soils: sorption behaviour of Cd, Cu, Cr, Pb and Zn with a typical mixed brown field deposit[J]. Environmental International, 2005, 31: 513－521.

[164] Ole H. Leachate from land disposal of coal fly ash[J]. Water Resources Research, 1990, 8: 429－449.

[165] Moghaddam A, Mulligan C. Leaching of heavy metals from chromated copper arsenate (CCA) treated wood after disposal[J]. Water Resources Research, 2008, 28: 628－637.

[166] Christensen T, Kjeldsen HP, Bjerg P, et al. Biogeochemistry of landfill leachate plumes[J]. Applied Geochemistry, 2001, 16(7－8): 659－718.

[167] Riyad JA, Edward HS. Heavy metal contaminants removal by soil washing[J]. Journal of Hazardous Materials, 1999, 70: 71－86.

[168] 中国科学院南京土壤研究所. 土壤理化分析[M]. 上海：上海科学技术出版社，1978.

[169] 徐明岗. 土壤离子吸附，1. 离子吸附的类型及研究方法[J]. 土壤肥料，1997，5：3－7.

[170] Hameed BH, Ahmad AA, Aziz N. Isotherms, kinetics and thermodynamics of acid dye adsorption on activated palm ash[J]. Chemical Engineering, 2007, 133(1/3): 195－203.

[171] Mohan D, Singh KP, Singh VP. Trivalent chromium removal from wastewater using low cost activated carbon derived from agricultural waste material and activated carbon fabric cloth[J]. Journal of Hazardous Materials, 2006, 135(1/3): 280－295.

[172] 刘桂秋，冯雄汉，谭文峰. 几种土壤铁锰结核对 Cr(Ⅲ)的氧化动力学特性[J]. 华中农业大学学报，2002，21(5)：450－454.

[173] Mckay G., Blair S, Gardner R. Adsorption of dyes on chitin. I. Equlibriumstudies[J]. Journal of Applied Polymer Science, 1982, 27: 3043.

[174] Subhashini G, Pant K. Investigations on the column performance of fluoride adsorption by activated alumina in a fixed－bed[J]. Chemical Engineering Journal, 2003, 98: 165－173.

[175] Altundogan HS, Altundogan S, Tumen F, et al. Arsenic removal from aqueous solutions by adsorption on red mud[J]. Waste Management, 2000, 20(8): 761－767.

[176] Alvarez R, Evans LA, Milham PJ, et al. Effects of humicmaterial on the precipitation of calcium phosphate[J]. Geoderma, 2004, 118: 245－260.

[177] Sparks DL. Environmental Soil Chemistry[M]. San Diego: Academic Press, 1995.

[178] Simunek MJ, van Genuchten T, Sejna M. The HYDRUS – 1D software package for simulating the one – dimensional movement of water, heat, and multiple solutes in variably – saturated media[M]. California: University of California Riverside, 2005.

[179] 刘兆昌. 地下水系统的污染与控制[M]. 北京: 中国环境科学出版社, 1991.

[180] 王洪涛. 多孔介质污染物迁移动力学[M]. 北京: 高等教育出版社, 2008.

[181] 杨天行, 傅泽周, 刘金山等. 地下水流向井的非稳定运动的原理及计算方法[M]. 北京: 地质出版社, 1980.

[182] 孙讷正. 地下水污染 – 数学模型和数值方法[M]. 北京: 地质出版社, 1989.

[183] 金光炎, 汪家权, 郑三元. 地下水计算参数的测定与估计[J]. 水科学进展, 1997, 8(1): 19 – 20.

[184] 中华人民共和国水利部. 水利水电工程水文计算规范 SL278 – 2002[M]. 北京: 中国水利水电出版社, 2002.

[185] 任爱玲. 含铬污液在土壤中迁移规律的研究[J]. 城市环境与城市生态, 2000, 2(13): 154 – 157.

[186] 古昌红, 单振秀, 王瑞琪. 铬渣对土壤污染的研究[J]. 矿业安全与环保, 2005, 32(6): 18 – 20.

[187] Fendorf SE. Surface reactions of chromium in soils and waters[J]. Geoderma, 1995, 67: 55 – 71.

[188] Adriano DC. Trace Elements in the Terrestrial Environment[M]. New York: Springer – Verlag, 1986.

[189] Smith AH. Hexavalent chromium, yellow water, and cancer – A convoluted saga[J]. Epidemiology, 2008, 19: 24 – 26.

[190] Ruby MV, Schoof R, Brattin W. Advances in evaluating the oral bioavailability of inorganics in soil for use in human health risk assessment[J]. Environmental Science & Technology, 1999, 33: 3697 – 3705.

[191] Zhu YG, Williams PN, Meharg AA. Exposure to inorganic arsenic from rice: A global health issue[J]. Environmental Pollution, 2008, 154: 169 – 171.

[192] Ministry of Health. Yearbook of Chinese Health Statistics[M]. Beijing: People's Health Press, 2007.

[193] Ministry of Environmental Protection of the People's Republic of China (Ministry of Environmental Protection). The Technical Specification for soil Environmental monitoring (HJ/T 166 – 2004). 2004 [cited; Available from: http: //www.mep.gov.cn/pv_obj_cache/pv_obj_id_C5B40157F2296EA55F92DFDF745FDF68DB130300/filename/5406.pdf.

[194] Langrrd S. One hundred years of chromium and cancer: A review of epidemiological evidence and selected case reports[J]. American Journal of Industrial Medicine, 1990, 17: 189 – 214.

[195] Costa M. Toxicity andcarcinogenicity of Cr(VI) in animal models and humans[J]. Critical Reviews in Toxicology, 1997, 27: 431 – 442.

[196] Chen Z, Zhu YG, Liu WJ, et al. Direct evidence showing the effect of root surface iron plaque on arsenite and arsenate uptake into rice (Oryza sativa) roots[J]. New Phytologist, 2005, 165: 91－97.

[197] Ministry of Labour and Social Security of the People's Republic of China (MLSS). Circular on prevention and control of early retirement of enterprise employees (in Chinese) No. 8. 1999 [cited; Available from: http://trs.molss.gov.cn/was40/search.

[198] Cheng YY, Nathanail PC. Generic assessment criteria for human health risk assessment of potentially contaminated land in China [J]. Science of the Total Environment, 2009, 408: 324－339.

[199] Pang LH, Brauw A, Rozelle S. Working until dropping: employment behavior of the elderly in rural China[M]. New Zealand: Williams College, 2004.

[200] National Bureau of Statistics ofChina (NBSC). Infant mortality rate and life expectancy at birth. 2011 [cited; Available from: http://www.stats.gov.cn/ tjsj/qtsj/gjsj/2009/t20100408_402632860.htm.

[201] National Bureau of Statistics ofChina (NBSC). Air quality of major rrban in China. 2006 [cited; Available from: http://www.stats.gov.cn/tjsj/qtsj/hj tjzl/ hjtjsj2006/t2 00712 10_402453023.htm.

[202] Trowbridge PR, Burmaster DE. A parametric distribution for the fraction of outdoor soil in indoor dust[J]. Journal of Soil Contamination, 1997, 6: 161－168.

[203] USEPA. Integrated Risk Information System (IRIS). 2010 [cited; Available from: http://www.epa.gov/ncea/iris/index.html.

[204] USEPA. Region 9, Preliminary Remediation Goals. 2000 [cited; Available from: http://www.epa.gov/region09/waste/sfund/prg/.

[205] Datta SP, Young SD. Predicting metal uptake and risk to the human food chain from leaf vegetables grown on soils amended by long－term application of sewage sludge[J]. Water, Air & Soil Pollution, 2005, 163: 119－136.

[206] Jan FA, Ishaq M, Khan S. A comparative study of human health risks via consumption of food crops grown on wastewater irrigated soil (Peshawar) and relatively clean water irrigated soil (lower Dir)[J]. Journal of Hazardous Materials, 2010, 179: 612－621.

[207] Wang X, Sato T, Xing B. Health risks of heavy metals to the general public in Tianjin, China via consumption of vegetables and fish [J]. Science of the Total Environment, 2005, 350: 28－37.

[208] Zayed AM, Terry N. Chromium in the environment: factors affecting biological remediation [J]. Plant and Soil, 2003, 249: 139－156.

[209] Kumar P, Dushenkov V, Motto H. Phytoextraction : the use of plants to remove heavy metals from soils[J]. Environmental Science & Technology, 1995, 29: 1232－1238.

[210] Santos SE, Lauria DC, Porto da Silveira CL. Assessment of daily intake of trace elements due to consumption of foodstuffs by adult inhabitants of Rio de Janeiro city[J]. Science of the Total

Environment, 2004, 327: 69 - 79.

[211] Zayed Z, Lytle CM, Qian JH. Chromium accumulation, translocation and chemical speciation in vegetable crops[J]. Planta, 1998, 206: 293 - 299.

[212] Hough R_L, Breward N, Young SD. Assessing potential risk of heavy metal exposure from consumption of home - produced vegetables by urban populations[J]. Environmental Health Perspectives, 2004, 112: 215 - 220.

[213] Khan S, Cao Q, Zheng YM. Health risks of heavy metals in contaminated soils and food crops irrigated with wastewater in Beijing, China [J]. Environmental Pollution, 2008, 152: 686 - 692.

[214] Biego GH, Joyeux M, Hartemann P. Daily intake of essential minerals and metallic micropollutants from foods in France [J]. Science of the Total Environment, 1998, 217: 27 - 36.

[215] Food and Nutrition Board. Dietary Reference Intakes, Recommended Dietary Allowances[M]. Washington, DC: National Academy Press, 1989.

图书在版编目(CIP)数据

土壤-地下水中Cr(Ⅵ)的迁移机制及健康风险评价预警/王振兴,柴立元,杨志辉著. --长沙:中南大学出版社,2017.7
ISBN 978-7-5487-2634-0

Ⅰ.①土… Ⅱ.①王… ②柴… ③杨… Ⅲ.①铬—废渣—污染防治—研究 Ⅳ.①X781

中国版本图书馆CIP数据核字(2016)第309109号

土壤-地下水中Cr(Ⅵ)的迁移机制及健康风险评价预警
TURANG-DIXIASHUI ZHONG Cr(Ⅵ) DE QIANYI JIZHI JI JIANKANG FENGXIAN PINGJIA YUJING

王振兴 柴立元 杨志辉 著

□责任编辑 胡 炜
□责任印制 易红卫
□出版发行 中南大学出版社
社址:长沙市麓山南路 邮编:410083
发行科电话:0731-88876770 传真:0731-88710482
□印 装 长沙理工大印刷厂

□开 本 720×1000 1/16 □印张 9.5 □字数 188千字
□版 次 2017年7月第1版 □2017年7月第1次印刷
□书 号 ISBN 978-7-5487-2634-0
□定 价 45.00元